跟着电网企业劳模学 系列培训教材

配电网
标准化设计

国网浙江省电力有限公司　组编

中国电力出版社
CHINA ELECTRIC POWER PRESS

内 容 提 要

本书为"跟着电网企业劳模学系列培训教材"之《配电网标准化设计》分册,主要内容包括配电网规划设计、配电网典型供电模式、配电网标准化设计深度要求、配电网工程典型及差异化设计、配电网设备标准化、配电网工程定额和费用计算。

本书可供从事配电网规划、设计及管理工作的人员阅读、使用。

图书在版编目(CIP)数据

配电网标准化设计 / 国网浙江省电力有限公司组编 . —北京:中国电力出版社,2021.12
跟着电网企业劳模学系列培训教材
ISBN 978-7-5198-6164-3

Ⅰ . ①配… Ⅱ . ①国… Ⅲ . ①配电系统—设计—标准化—技术培训—教材 Ⅳ . ① TM727-65

中国版本图书馆 CIP 数据核字(2021)第 226376 号

出版发行:中国电力出版社
地 址:北京市东城区北京站西街 19 号(邮政编码 100005)
网 址:http://www.cepp.sgcc.com.cn
责任编辑:穆智勇(zhiyong-mu@sgcc.com.cn)
责任校对:黄 蓓 马 宁
装帧设计:张俊霞 赵姗姗
责任印制:石 雷

印 刷:三河市万龙印装有限公司
版 次:2021 年 12 月第一版
印 次:2021 年 12 月北京第一次印刷
开 本:710 毫米 ×980 毫米 16 开本
印 张:16
字 数:226 千字
印 数:0001—1000 册
定 价:78.00 元

丛书序

国网浙江省电力有限公司在国家电网有限公司领导下，以努力超越、追求卓越的企业精神，在建设具有卓越竞争力的世界一流能源互联网企业的征途上砥砺前行。建设一支爱岗敬业、精益专注、创新奉献的员工队伍是实现企业发展目标、践行"人民电业为人民"企业宗旨的必然要求和有力支撑。

国网浙江公司为充分发挥公司系统各级劳模在培训方面的示范引领作用，基于劳模工作室和劳模创新团队，设立劳模培训工作站，对全公司的优秀青年骨干进行培训。通过严格管理和不断创新发展，劳模培训取得了丰硕成果，成为国网浙江公司培训的一块品牌。劳模工作室成为传播劳模文化、传承劳模精神，培养电力工匠的主阵地。

为了更好地发扬劳模精神，打造精益求精的工匠品质，国网浙江公司将多年劳模培训积累的经验、成果和绝活，进行提炼总结，编制了"跟着电网企业劳模学系列培训教材"。该丛书的出版，将对劳模培训起到规范和促进作用，以期加强员工操作技能培训和提升供电服务水平，树立企业良好的社会形象。丛书主要体现了以下特点：

一是专业涵盖全，内容精尖。丛书定位为劳模培训教材，涵盖规划、调度、运检、营销等专业，面向具有一定专业基础的业务骨干人员，内容力求精练、前沿，通过本教材的学习可以迅速提升员工技能水平。

二是图文并茂，创新展现方式。丛书图文并茂，以图说为主，结合典型案例，将专业知识穿插在案例分析过程中，深入浅出，生动易学。除传统图文外，创新采用二维码链接相关操作视频或动画，激发读者的阅读兴趣，以达到实际、实用、实效的目的。

三是展示劳模绝活，传承劳模精神。"一名劳模就是一本教科书"，丛书对劳模事迹、绝活进行了介绍，使其成为劳模精神传承、工匠精神传播的载体和平台，鼓励广大员工向劳模学习，人人争做劳模。

丛书既可作为劳模培训教材，也可作为新员工强化培训教材或电网企业员工自学教材。由于编者水平所限，不到之处在所难免，欢迎广大读者批评指正！

最后向付出辛勤劳动的编写人员表示衷心的感谢！

丛书编委会

前言

　　配电网是指从输电网和各类发电设施接受电能，通过配电设施就地或逐级分配给各类电力用户的 110kV 及以下电力网络。配电网是保障电力系统的关键环节，是加快城乡建设的基本保障，是服务民生的重要基础设施，具有外界影响因素复杂、地区差异性大、设备数量多、工程规模小且建设周期短等特点。随着新能源、分布式电源和多元化负荷的大量接入，配电网的功能和形态发生深刻变化，由"无源"变为"有源"，潮流由单向变为多向，呈现变化大、多样化的新趋势。并且随着新型城镇化、农业现代化步伐加快，配电网建设和改造任务也日益紧迫。

　　配电网标准化设计是配电网建设和改造的基础和前提，设计成果的质量直接影响配电网的建设水平及投资效益，不断提升配电网设计成果的质量是提高配电网运行效率、供电可靠性，保障电能质量的客观需求，同时对整个电网的发展也至关重要。长期以来，配电网建设缺少远景目标规划，配电设备种类繁多、通用性差、装备水平低，设计方案标准和设计水平差异较大，这些都是配电网设备及设计标准化研究所面临的挑战。作为建设坚强智能电网的重要组成部分，配电网标准化建设是国家电网有限公司全面落实科学发展观，建设资源节约型、环境友好型社会，提升创新能力的重要体现，是全面建设具有结构合理、技术先进、灵活可靠、经济高效现代配电网的重要举措。

　　本书采用项目—任务结构进行编写，共设置六个项目，分别从配电网规划设计、配电网典型供电模式、配电网标准化设计深度要求、配电网工程典型及差异化设计、配电网设备标准化、配电网工程定额和费用计算六个方面对配电网标准化设计全过程进行讲解，提炼现有配电网标准化建设成果，提出模块化的解决思路和实现方法，有效减少通用设计方案和设备种类，进一步提高标准化水平。

　　由于时间仓促加之作者水平所限，书中疏漏在所难免，恳请读者批评
指正。

编 者

2021 年 10 月

目 录

人生如海，如海人生

——记国网浙江电力劳动模范潘如海

潘如海，男，1968 年 2 月出生，本科学历，高级工程师。现为国网温州供电公司经济技术研究所规划评审室主任、国网浙江省电力有限公司劳动模范、浙江省电力学会电力设计专委会配网学组组长，擅长变电二次及配电网电气设计。

潘如海善于总结，敢于创新。积极参加各类设计竞赛，2015 年获国家电网公司一等奖，连续 4 年获国网浙江电力一等奖。参与国网科技项目"输配电线路抗强风关键技术研究与应用""基于模块化的配电网规划与设计标准化研究""10kV 及以下配电网设计标准化深化应用及评价模型研究"和"国家 863 计划分布式电源的微电网示范工程"等工作。劳模教学视频《配电网设计标准小讲堂》荣获国网优秀网络培训资源评选成果二等奖。获国家发明专利 2 项、实用新型专利 13 项，发表论文 2 篇。

2017 年 1 月 22 日，潘如海劳模创新工作室经省公司考核评定，被直接授予国网浙江省电力公司 A 级劳模（职工）创新工作室。潘如海劳模创新工作室铭记责任担当，秉承"经验同交流，技术共提升"的宗旨，充分发挥经研所人才优势，为各兄弟单位"送技术、做交流、共提升"，多次开展"劳模巡回讲堂"，在温州鹿城、瓯海、龙湾、永嘉四区八县，为各公司的配电网可研、初设相关管理、设计人员带来一堂专业的配电网知识讲座，得到广泛好评。

潘如海带领工作室建功立业,团队实力在国网浙江电力和国网经研系统均得到认可。在他指导下,近3年团队有7人受国家电网有限公司、国网浙江电力等邀请,参与各类标准的编制、评审工作,其中国家标准1项、行业标准7项、企业标准8项及国网配电网典型设计、省公司、市公司标准20余项。应邀派员对湖南省、福建省、内蒙古等十多个省网公司进行配电网典型设计宣贯,录制全国技经宣贯视频,对西藏公司城市配电网建设改造进行帮扶工作。

项目一
配电网规划设计

》【项目描述】

开展配电网规划设计，制定科学合理的规划方案，对提高配电网供电能力、供电可靠性和供电质量，满足负荷增长，实现系统经济高效运行，切实提升配电网发展质量和效益具有重要意义。本章从配电网规划设计的原则和方法、内容、网格化划分三个方面对配电网规划设计进行讲解。

任务一　配电网规划设计的原则和方法

》【任务描述】

本部分主要讲解配电网规划设计的原则和方法。配电网规划设计应依据统一的技术标准进行设计。

》【知识描述】

配电网规划设计应依据统一的技术标准要求，紧扣供电可靠性，贯彻电网本质安全、资产全寿命周期管理的先进理念，按照统一、结合、衔接的总体要求和差异化的建设标准，统筹配电网建设和改造，遵循经济性、可靠性、差异性、灵活性、协调性的原则。

（1）经济性。遵循全寿命周期的管理理念，统筹考虑电网发展需求、建设改造总体投资、运行维护成本等因素，按照饱和负荷需求，对项目实施方案进行多方案比选，保证可持续发展。

（2）可靠性。满足电力用户对供电可靠性要求和供电安全标准。

（3）差异性。满足不同电力用户的差异性用电要求，适应不同地区的地理及环境差异，划分供电区域进行差异化规划。

（4）灵活性。配电网发展面临很多不确定因素，规划方案应具有一定的灵活性，能够适应规划实施过程中上级电源、负荷、站址通道资源等变化。

（5）协调性。配电网是电力系统发、输、配、用的中间环节，因此配电网规划设计应体现输配协调、城乡协调、网源协调、配用协调、一二次协调。配电网规划设计要对一个地区、一个省甚至全国配电网发展的全局性问题进行宏观指导，方法上着重于综合分析，结论主要体现对配电网技术原则、建设规模、发展重点、电网投资等的宏观判断。在重大原则明确的前提下，配电网规划设计还要研究规划水平年的目标网架和逐年过渡网架，研究具体建设项目的建设规模、建设时序、电网拓扑以及与其他项目的协调一致，通常可借助成熟的软件进行量化计算和综合分析。

配电网规划设计的方法主要包括：

（1）基本条件分析。配电网发展的基本条件是满足电力负荷需要，分析内容包括电力负荷增长、空间负荷分布和负荷特性分析三个部分。

（2）基本功能分析。在基本条件分析的基础上，配电网规划设计应针对供电区域划分、电压等级序列选择、变电站供电范围划分等基本功能进行分析。

（3）基本形态分析。基本形态分析的目的是确定配电网的电网结构与变电站接入方式。

（4）技术经济分析。技术经济分析用于优选配电网规划设计方案，论证投资合理性，检验规划成效。

任务二　配电网规划设计的内容

》【任务描述】

本部分主要从现状诊断分析、电力需求预测、供电区域划分、发展目标确定、变配电容量估算等11个方面讲解配电网规划设计的内容。

》【知识描述】

配电网发展的外部影响因素多，用户报装变更、通道资源约束、市政规划调整等都会影响配电网工程项目建设。为更好地适应各类变化情况，配电网规划设计应建立逐年评估和滚动调整机制，根据需要及时研究并调整规划方案，保证规划的科学性、合理性、适应性。

配电网规划设计的主要内容有：

（1）现状诊断分析。将逐站、逐变、逐线分析与总量分析、全电压等级协调发展分析相结合，深入剖析配电网现状，从供电能力、网架结构、装备水平、运行效率、智能化等方面，诊断配电网存在的主要问题及原因，结合地区经济社会发展要求，分析面临的形势。

（2）电力需求预测。结合历史用电情况，预测规划期内电量与负荷的发展水平，分析用电负荷的构成及特性，根据电源、大用户规划和接入方案，提出分电压等级网供负荷需求，具备控制性详规的地区应进行饱和负荷预测和空间负荷预测，进一步掌握用户及负荷的分布情况和发展需求。

（3）供电区域划分。依据负荷密度、用户重要程度，参考行政级别、经济发达程度、用电水平、GDP等因素，合理划分配电网供电区域，分别确定各类供电区域的配电网发展目标，以及相应的规划技术原则和建设标准。

（4）发展目标确定。结合地区经济社会发展需求，提出配电网供电可靠性、电能质量、目标网架和装备水平等规划水平年发展目标和阶段性目标。

（5）变、配电容量估算。根据负荷需求预测以及考虑各类电源参与的电力平衡分析结果，依据容载比、负载率等相关技术原则要求，确定规划期内各电压等级变电、配电容量需求。

（6）网络方案制定。制定各电压等级目标网架及过渡方案，科学合理布点、布线，优化各类变、配电设施的空间布局，明确站址、线路通道等建设资源需求。

（7）用户和电源接入。根据不同电力用户和电源的可靠性需求，结合目标网架，提出接入方案，包括接入电压等级、接入位置等；对于分布式电源、电动汽车充换电设施、电气化铁路等特殊电力用户，开展谐波分析、短路计算等必要的专题论证。

（8）电气计算分析。开展潮流、短路、可靠性、电压质量、无功平衡等电气计算，分析校验规划方案的合理性，确保方案满足电压质量、安全运行、供电可靠性等技术要求。

（9）二次系统与智能化规划。提出与一次系统相适应的通信网络、配电自动化、继电保护等二次系统相关技术方案；分析分布式电源及多元化负荷高渗透率接入的影响，推广应用先进传感器、自动控制、信息通信、电力电子等新技术、新设备、新工艺，提升智能化水平。

（10）估算书。根据配电网建设与改造规模，结合典型工程造价水平，估算确定投资需求，以及资金筹措方案。

（11）技术经济分析。综合考虑企业经营情况、电价水平、售电量等因素，计算规划方案的各项技术经济指标，估算规划产生的经济效益和社会效益，分析投入产出和规划成效。

任务三　配电网网格化划分

> **【任务描述】**

本部分主要讲解配电网网格化划分，介绍供电区域划分的作用、原则和步骤。

> **【知识描述】**

供电区域划分是配电网规划的基础，是统筹城乡电网协调发展，实现差异化规划和标准化建设的重要手段。供电区域划分应主要依据地区行政级别或未来负荷发展情况确定，也可参考经济发展程度、用户重要性、用电水平和 GDP 等因素。

《配电网规划设计技术导则》（Q/GDW 10738—2020）中明确供电区域

可划分为 A＋、A、B、C、D、E 共 6 类，如表 1-1 所示，对各类供电区域的配电网建设改造标准提出明确要求，以差异化指导配电网规划设计。按照供电区域类型，差异化建设改造配电网，有利于实现配电网的精准投资、精益管理、提质增效和可持续发展。

表 1-1　　　　　　　　　　　供 电 区 域 划 分 表

供电区域	A＋	A	B	C	D	E
饱和负荷密度（MW/km²）	$\sigma \geqslant 30$	$15 \leqslant \sigma < 30$	$6 \leqslant \sigma < 15$	$1 \leqslant \sigma < 6$	$0.1 \leqslant \sigma < 1$	$\sigma < 0.1$
主要分布地区	直辖市市中心城区，或省会城市、计划单列市核心区	地市级及以上城区	县级及以上城区	城镇区域	乡村区域	农牧区

注　1. 供电区域面积不宜小于 5km²。
　　2. 计算饱和负荷密度时，应扣除 110（66）kV 专线负荷，以及高山、戈壁、荒漠、水域、森林等无效供电面积。
　　3. 此表中主要分布地区一栏作为参考，实际划分时应综合考虑其他因素。

一、供电区域划分的主要作用

供电区域划分的主要作用有：

（1）适应差异化发展需要。通过供电区域划分，将配电网按标准分类分区，充分体现了不同地区的差异性和电网发展特点，在此基础上开展配电网规划，能够确保规划方案科学、合理、经济。

（2）统一技术原则和建设标准。根据供电区域划分结果，细化适用于不同供电区域的配电网技术原则，制定标准化建设模块，确保相同类型供电区域的建设标准相同。

二、供电区域划分的原则

供电区域划分应遵循如下原则：

1）依据规划水平年的负荷密度；

2）满足用户的供电可靠性需求；

3）应与行政区划相协调；

4）考虑现状电网的适应性；

5）应实现各级电网协调发展；

6）应满足电网运行管理要求；

7）做到不遗漏、不交叉重叠。

三、供电区域划分的步骤

配电网供电区域划分包括确定基本区块、负荷密度计算、供电区域分类、合理性校核四个步骤。

（1）确定基本区块。根据行政区域，确定供电区域的边界，并考虑城市总体规划、行政边界、地理环境对电网建设的影响因素、变电站布点及间隔资源等因素影响。

（2）负荷密度计算。根据划分的供电区域，计算该区域规划水平年的负荷密度。

（3）供电区域分类。在计算所得水平年负荷密度的基础上，充分考虑区域地理位置、行政区划、区位特点、发展定位等外部因素带来的供电可靠性要求，按照国家、行业、企业有关标准确定供电区域的分类。

（4）合理性校核。结合各区域经济发展情况，分析供电区域面积、电力用户可靠性要求、最大负荷等，校核划分结果的合理性。

≫【典型案例】

新田园网格位于某市主城区东部，区位图如图 1-1 所示，西起府东路，东到会展路，南起新城大道、机场大道，北至学院路，规划总用地面积3.3km²，航拍图如图 1-2 所示。本区域大部分地块已基本建成，地块基本信息如图 1-3 所示。

本网格虽有控制性详细规划，但由于规划编制时间较早，和现有路网差距较大，且本区域大部分地块已基本建成，根据其他网格负荷密度调研情况，本规划区采用基于地块装接配电变压器（简称配变）容量的方法进行负荷预测，取地块配变容量的 50% 作为地块远期负荷，对旧城改造地块和工业区块采用负荷密度法预测负荷。负荷密度指标选取可参考表 1-2。

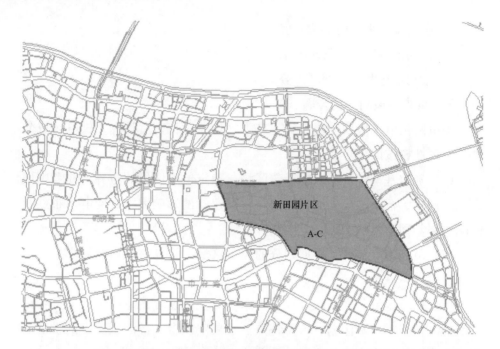

图 1-1　新田园网格区位图

图 1-2　新田园网格航拍图

根据各地块预测结果，新田园网格各地块预测总负荷为 108115kW，网格负荷密度为 32762kW/km²。地块负荷预测结果如表 1-3 和图 1-4 所示。

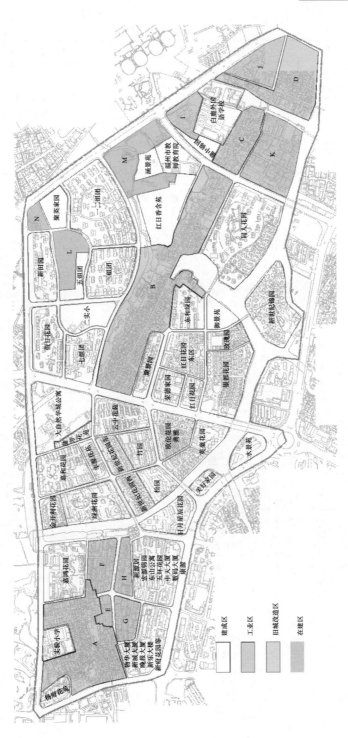

图 1-3　地块基本信息图

表1-2　　　　　　　　　　　负荷密度指标选取

用地性质代码	高指标（W/m²）	低指标（W/m²）
行政办公、商业	80	70
居住用地	70	60
市政设施用地	30	20
道路广场、停车场用地	10	5
公共绿地	5	2
防护绿地	2	1

表1-3　　　　　　　　　　　地块负荷预测表

序号	地块名称	性质	配变装接容量（kVA）	预测负荷（kW）
1	杨＊花苑	建成区	500	250
2	＊＊小学	建成区	730	365
3	＊＊花园	建成区	10580	5290
4	＊＊大厦等	建成区	18410	9205
5	＊＊居等	建成区	10550	5275
6	＊＊星辰花园	建成区	6420	3210
7	金＊＊花园	建成区	2400	1200
8	绿＊花园	建成区	6400	3200
9	嘉＊花园	建成区	7200	3600
10	丰＊花苑	建成区	2400	1200
11	蒲＊花苑	建成区	1630	815
12	＊＊＊华城公寓	在建区	6400	3200
13	新＊＊花园西	建成区	1600	800
14	新＊＊花园东	建成区	1260	630
15	＊园	建成区	2230	1115
16	＊园	建成区	2520	1260
17	云＊花苑	建成区	3310	1655
18	欧＊花园	建成区	2600	1300
19	英＊花园	建成区	2760	1380
20	水＊苑	建成区	4750	2375
21	＊＊家园	建成区	1890	945
22	假＊花园	建成区	9600	4800
23	＊组团	建成区	3200	1600
24	＊实小	正在建设区	5000	2500
25	＊田园	建成区	8040	4020
26	聚＊家园	建成区	3200	1600
27	＊组团	建成区	2600	1300

序号	地块名称	性质	配变装接容量（kVA）	预测负荷（kW）
28	＊组团	建成区	7060	3530
29	＊二组团	建成区	12120	6060
30	红＊＊含苑	建成区	9260	4630
31	涵＊苑	建成区	1700	850
32	＊＊市教师教育院	建成区	1260	630
33	蒲＊＊园	建成区	1600	800
34	＊＊外国语学校	建成区	6000	3000
35	聚＊园	建成区	8000	4000
36	荣＊家园	建成区	4160	2080
37	红＊花园	建成区	1260	630
38	红＊花园东区	建成区	3150	1575
39	东＊绿园	建成区	2600	1300
40	银＊花园	建成区	4400	2200

序号	地块名称	性质	配变装接容量（kVA）	占地面积（m²）	预测负荷（kW）
41	玫＊园	建成区	1000	13887	500
42	御＊苑	建成区	2835	39369	1417.5
43	新＊＊锦园	建成区	1600	22219	800
44	同＊花园	建成区	15100	209695	7550
45	A	未改造旧城区	9218	128027	4609
46	B	未改造旧城区	16902	234758	8451
47	C	未改造旧城区	3140	43609	1570
48	D	未改造旧城区	5906	82033	2953
49	E	城市工业区	2160	9471	341
50	F	城市工业区	3925	32680	1176
51	G	城市工业区	2380	23926	861
52	H	城市工业区	1940	19825	714
53	I	城市工业区	320	23274	838
54	J	城市工业区	2600	36438	1312
55	K	城市工业区	5560	77743	2799
56	L	正在建设区	2400	33350	1201
57	M	正在建设区	4600	63969	2303
58	N	正在建设区	1000	10378	374

续表

序号	地块名称	性质	配变装接容量（kVA）	占地面积（m²）	预测负荷（kW）
59	合计				135144
60	同时率（0.8）后				108115

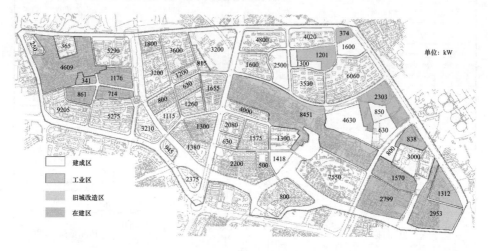

图 1-4　地块负荷预测图

结合城市用地功能定位，综合考虑用地属性、负荷密度、供电特性等因素将若干地块合并为相对独立的环网，以图 1-4 左上角所示，将杨府花苑、实验小学、嘉鸿花园、物华大厦、新源居等已建成区域（预测负荷9820kW）及待改造城区（预测负荷4609kW）合并为独立的环网，形成如图 1-5 所示的 A 环网（预测负荷为 14429kW）。远期本规划区平均单回线路负荷 3.379MW，平均单段负荷 1.903MW，均符合线路最佳供电能力及最优分段的要求。规划区远期环网负荷情况如表 1-4 和图 1-5 所示。

表 1-4　　　　　　　　规划区远期环网负荷情况表

环网编号	分段数量	装接容量（kVA）	预测负荷（kW）	平均单回线路负荷（kW）	平均单段负荷（kW）
A	5	30100	14429	3607	2886
B	4	28500	13657	3414	3414
C	11	29710	14225	3556	1293

环网编号	分段数量	装接容量（kVA）	预测负荷（kW）	平均单回线路负荷（kW）	平均单段负荷（kW）
D	7	27320	13660	3415	1951
E	12	27370	13854	3464	1155
F	10	26000	13131	3283	1313
G	8	26000	13051	3263	1631
H	6	29000	14503	3626	2417
I	2	21000	10349	2587	5175
J	6	28500	14286	3572	2381
合计	71	273500	135145	33786	1903

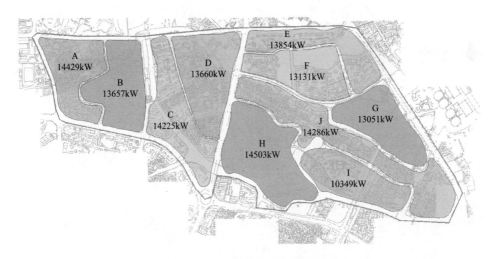

图 1-5　规划区远期环网负荷预测图

项目二

配电网典型供电模式

任务一 10kV 配电网典型供电模式

【任务描述】

本部分主要讲解 10kV 配电网典型供电模式的分类、适用供电区域、供电能力、分段配置等主要技术方案，规定了用户及分布式电源接入的基本原则。

【知识描述】

一、典型供电模式分类

合理的配电网供电模式是提高配电网规划设计与建设运行可靠性、灵活性和经济性的基础。10kV 配电网可采用五种典型供电模式，即多分段单辐射、多分段单联络式、多分段适度联络式、单环式、双环式。其中，多分段辐射式、多分段单联络式、多分段适度联络又可划分为架空网类；单环式、双环式可划分为电缆网类。典型供电模式分类如表 2-1 所示。

表 2-1　　　　　　　典型供电模式分类

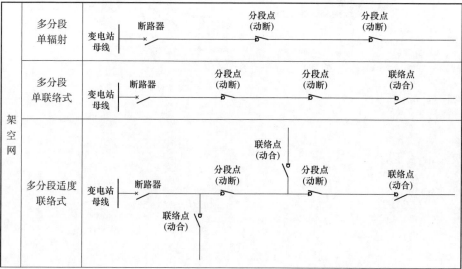

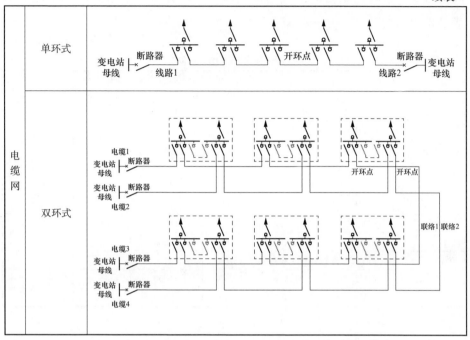

二、典型供电模式的适用供电区域

典型供电模式的选择应根据供电区域的可靠性、电压合格率要求来确定，并综合考虑电网建设成本、电网建设与改造的可行性等因素。其适应的供电区域应参考表 1-1 供电区域划分表，各供电区域电网结构参考中压配电网目标电网结构推荐表，如表 2-2 所示。

表 2-2　　　　　　　　　　中压配电网目标电网结构推荐表

线路型式	供电区域类型	目标电网结构
电缆网	A+、A、B	双环式、单环式
	C	单环式
架空网	A+、A、B、C	多分段适度联络、多分段单联络
	D	多分段单联络、多分段单辐射
	E	多分段单辐射

三、典型供电模式的供电能力

在满足电网供电设备 $N-1$ 条件下，要综合考虑导线热稳定、线路压降等因素，确定典型供电模式的供电能力。各典型供电模式的供电能力如表 2-3 所示。

表 2-3　　　　　　　　　　典型供电模式的供电能力

典型供电模式	导线型号	总供电能力（MW）	装接配变总容量上限（kVA）	主干线数量（条）	单条线路供电能力（MW）
辐射式	JKLYJ—10/185	6.87	18100	1	6.87
	JKLYJ—10/240	8.18	21500	1	8.18
多分段单联络式	JKLYJ—10/185	6.87	18100	2	3.44
	JKLYJ—10/240	8.18	21500	2	4.09
多分段适度联络式	JKLYJ—10/185	13.74	36200	4	3.44
	JKLYJ—10/240	16.36	43000	4	4.09
单环式	YJV22—8.7/15-3×300	6.92	18200	2	3.46
	YJV22—8.7/15-3×400	7.89	20800	2	3.95
双环式	YJV22—8.7/15-3×300	13.84	36400	4	3.46
	YJV22—8.7/15-3×400	15.78	41500	4	3.95
	YJV22—8.7/15-3×400	15.78	41500	4	3.95

四、供电模式的分段配置

对于供电模式的分段配置，应综合考虑线路供电半径、负荷性质和供电可靠性要求，并结合设备投资成本及运维费用，确定最优分段数，还要注意每段上的负荷不宜大于 2MW。在各典型供电模式下，国家电网公司规定了单回主干线最优分段数，如表 2-4 所示。

表 2-4　　　　　　　　　　单回主干线最优分段数推荐表

10kV 线路供电半径（km）	供电模式	工业分段数	商业分段数	混合型分段数	每段装机容量（kVA）
3	单环式	3	5	3～4	3300～1960
	双环式	3	5	3～4	3300～1960
	多分段单联络	3	5	3～4	3200～1920
	多分段适度联络	3	6	4～5	3200～1600
	多分段适度联络三双	3	6	4～5	3200～1600
5	单环式	3	6	4～5	3300～1630
	多分段单联络	3	6	4～5	3200～1600
	多分段适度联络	3	6	4～5	3200～1600
	多分段适度联络三双	3	6	4～5	3200～1600

10kV线路供电半径（km）	供电模式	工业分段数	商业分段数	混合型分段数	每段装机容量（kVA）
10～15	辐射式	4～5	—	4～5	1920～2400
	多分段单联络	4～5	—	4～5	1920～2400

注 1. 居民负荷分段数宜参照商业负荷分段数。

　　2. 混合型负荷指同时包含工业、商业（居民）负荷。

同时，为了做好近远景衔接，要做到以下四点：

1）按远景供电区域等级，确定目标供电模式。

2）考虑与目标供电模式的衔接，合理选择近期供电模式。

3）单环式可逐步过渡至双环式。在开关站、配电站及电力管沟建设时，应根据目标供电模式预留安装、敷设位置。

4）辐射式可逐步过渡至多分段单联络式、多分段适度联络式。

五、配电网设备选择

对于配电网设备的选择，应遵循设备全寿命周期管理的理念，坚持安全可靠、经济实用的原则，采用技术成熟、少（免）维护、低损耗、节能环保、具备可扩展功能的设备。由于配电网设备要有较强的适应性，所以变压器容量、开关遮断容量应留有合理的裕度，保证在负荷波动或转供时满足运行要求。

（1）对于导线截面选择，配电线路导线截面依据发热条件、负荷容量进行初选，以电压损耗条件、经济电流密度、机械强度条件作为校验。建议根据区域的远景发展目标选择配电线路导线截面，即导线截面一次选定、廊道一次到位。导线截面选择应考虑设备正常寿命周期内的负荷增长。

（2）对于架空线路主干线截面，导线截面选择推荐如表 2-5 所示，10kV 主干线截面宜采用 240mm^2，分支线截面宜采用 150mm^2 或 70mm^2。对于电缆主干线铜芯电缆截面，10kV 宜采用 400mm^2 或 300mm^2，分支线铜芯电缆截面宜采用 185、150mm^2 或 70mm^2。

（3）配电网需保证有功和无功的协调，变电站、线路和配电台区的无功设备应协调配合，进行无功补偿配置，如表 2-6 所示。

（4）对于中性点接地方式选择，如果单相接地故障电容电流在 10A 及以下，宜采用中性点不接地方式；如果单相接地故障电容电流在 10～150A，宜采用中性点经消弧线圈接地方式；如果单相接地故障电容电流达到 150A 以上，宜采用中性点经低电阻接地方式，并应将接地电流控制在 1000A 以内。

表 2-5　　　　　　　　　10kV 导线截面选择推荐表

导线截面选择	主干线截面（mm²）	分支线截面（mm²）
架空线路	240	150 或 70
电缆线路（铜芯）	400 或 300	185、150 或 70

注　架空导线及电缆应结合国家电网标准物料及当地精简物料选型。

表 2-6　　　　　　　　　配变低压侧无功补偿配置推荐表

10kV 供电区域	配变低压侧无功补偿度
A＋、A 类	10%～20%
B 类	15%～25%
C 类	15%～30%
D 类	20%～40%

六、用户及分布式电源接入原则

对于自动化及通信，为充分利用配电网间隔资源，应严格控制用户专线数量：用电设备总容量在 8MVA 及以上的用户宜接入专线；用电设备总容量在 8MVA 以下的用户宜接入用户综合线；2MVA 以下用户可接入分支线，不具备条件的也可接入主干线。

配电网应满足国家鼓励发展的各类分布式电源的接入要求，根据电源容量确定并网电压等级：单个并网点电源容量在 0.4～6MW 之间的宜采用 10kV 接入；对于接入 10kV 配电网的电源，可采用专线接入变电站二次侧或开关站的出线侧，在满足电网安全运行及电能质量要求时，也可采用 T 接方式并网；并网点应安装易操作、可闭锁、具有明显开断点、带接地功能、可开断故障电流的断路器设备；在采用专线接入时，一般配置方向过电流保护和距离保护；当保护配合困难时，需增配纵联电流差动保护。采用 T 接方式时，一般需在分布式电源侧配置无延时过电流保护；同时，并网点应设置安全自动装置，以确保在系统电压、频率发生异常情况下及时切除并网的分布式电源。

任务二　220/380V配电网典型供电模式

≫【任务描述】

本部分主要讲解220/380V配电网典型供电模式的接线方式、适用供电区域、供电能力、分段配置等主要技术方案，介绍了用户及分布式电源接入的基本原则。

≫【知识描述】

一、低压配电网典型供电模式

低压配电网一般按分区供电，主干线不宜越区供电。

低压配电网以配电变压器或配电室的供电范围实行分区供电，一般采用辐射结构。低压典型供电模式按照低压馈线的接线结构可划分为放射型供电模式与树干型供电模式两类，如表2-7所示。

二、导线截面的选择

低压配电网应有较强的适应性，主干线路的导线截面应按长期规划（一

表 2-7　　　　　　　　　　　220/380V 电网结构

分类	低压配电网结构
放射型	

21

续表

分类	低压配电网结构
树干型	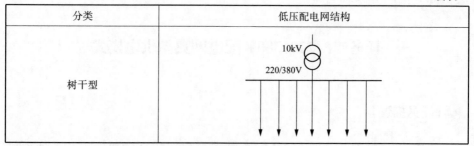

般以 20 年）一次选定，如表 2-8 所示。

1. 主干线截面选择

（1）绝缘导线的主干线截面宜选用 $120mm^2$。

（2）集束导线的主干线截面宜选用 $120mm^2$。

（3）低压电缆的主干线截面宜选用 $240mm^2$。

表 2-8　　　　　　　　　　低压导线截面选择推荐表

导线截面选择	主干线截面（mm^2）	分支线截面（mm^2）
绝缘导线	120	70
集束导线	120	70
低压电缆	240	95、150

2. 分支线截面选择

（1）绝缘导线的分支线截面宜选用 $70mm^2$。

（2）集束导线的分支线截面宜选用 $70mm^2$。

（3）低压电缆的分支线截面宜选用 95、$150mm^2$。

3. 接户线截面选择

（1）采用架空绝缘导线进线，单相接户线导线截面宜采用 $25mm^2$；三相小容量接户线导线截面宜采用 $16mm^2$；三相大容量接户线导线截面宜采用 $50mm^2$。

（2）采用低压铜芯电缆进线，单相接户电缆导线截面宜采用 $16mm^2$；三相小容量接户电缆导线截面宜采用 $16mm^2$；三相大容量接户电缆导线截面宜采用 $35mm^2$；集中表箱接户电缆导线截面宜采用 $50mm^2$。

三、无功补偿方式

为了减少电能损耗，采用低压侧集中混合补偿方式或三相补偿方式。

集中补偿方式的无功补偿容量按照配电变压器容量的 10％～40％ 配置，详细配置方案参考《10kV 配电网典型供电模式技术规范》中无功补偿配置部分。

四、接地系统选择

（1）低压配电网采用中性点直接接地方式。

（2）城市低压系统主要采用 TN-C-S 系统。

（3）城镇低压系统主要采用 TN-C-S 系统，当线路全部绝缘化时也可采用 TN-C 系统。

（4）农村低压系统主要采用 TT 系统。

（5）部分特殊建筑（如防电击要求高，爆炸和有火灾危险场所，建筑物内装有大量信息技术设备等）应采用 TN-S 制。

五、分布式电源接入

（1）分布式电源的装机容量在 8kW 及以下的可接入 220V 公用电网或用户低压配电网，装机容量在 8～400kW 之间的可接入 380V 公用电网或用户低压配电网。

（2）分布式电源项目可以专线或 T 接方式接入系统。

（3）分布式电源应在并网点配置具备保护功能的并网开断设备和防孤岛装置。

（4）380V 接入的分布式电源项目，可采用无线公网通信方式，但应采取信息安全防护措施；送出线路的继电保护不要求双重配置，可不配置光纤纵差保护。

（5）380V 接入的分布式电源项目，暂只需上传发电量信息，条件具备时，预留上传并网点开关状态能力。

项目三

配电网标准化设计深度要求

» 【项目描述】

本项目依据国家电网公司发布的《10kV 及以下电网工程可行性研究内容深度规定》《配电网工程初步设计内容深度规定》和《配电网工程施工图设计内容深度规定》三个标准，介绍配电网标准化设计深度要求范围及总则、设计说明书深度要求和设计图纸深度要求。其中初步设计、施工图设计内容深度规定又分为配电、配网电缆线路、配网架空线路三个部分。

任务一　配电网标准化设计深度要求范围及总则

» 【任务描述】

本任务主要讲解配电网设计可行性研究、初步设计、施工阶段设计的范围、总则、说明书内容等编制要求。

» 【知识描述】

一、范围

本任务适用于 10kV 及以下新建、改建和扩建的配电、电缆、配电网架空线路工程的可行性研究、初步设计和施工图设计。

二、总则

（一）遵守的规定和程序

设计文件应遵守国家及有关部门颁发的设计文件编制和审批办法的规定，应遵照"统一规划、统一标准、安全可靠、坚固耐用"的原则，深入贯彻资产全寿命周期管理理念，遵守城乡规划、建设用地、水土保持、环境保护、防震减灾、地质灾害、压覆矿产、文物保护及劳动安全卫生等相关要求，执行国家规定的基本建设程序。

设计文件应贯彻国家各项技术方针、政策、法规、规程、现行的有关标准（规范）以及上级部门对工程建设的要求，工程技术方案应采用典型供电模式、典型设计、标准物料、通用造价，促进标准化建设，并应执行国家电网公司配电网规划确定的技术原则。

初步设计文件应符合批复的可行性研究报告和设计基础资料。施工图设计文件应以批准的初步设计文件、初步设计评审意见、设备订货资料等设计基础资料作为施工图设计的主要依据。施工图设计应对影响工程质量的重点工艺提出要求，应满足国家电网公司《配电网工程工艺标准库》中对有关工艺设计的要求。

（二）设计文件及编制的基本要求

设计文件应包含图纸和设备材料清册。

可行性研究阶段还应包含可行性研究报告书、估算书等支持性文件；初步设计阶段应包含初步设计说明书、概算书，必要时补充勘测报告和专题报告；施工图阶段应包含施工图设计说明、预算书。各阶段设计文件内容如表 3-1 所示。

表 3-1　　　　　　　　　　　　各阶段设计文件内容

	可行性研究	初步设计	施工图设计
设计文件	1）可行性研究报告书； 2）图纸； 3）设备材料清册； 4）估算书； 5）支持性文件	1）设计说明； 2）图纸； 3）设备材料清册； 4）概算书； 5）勘测报告和专题报告（必要时）	1）施工图设计说明； 2）图纸； 3）设备材料清册； 4）预算书

设计文件应齐全，计算准确，文字说明清楚，图纸清晰、正确；对改、扩建工程，应说明已建工程建设及规划情况，图纸应标明已建、本期和远期规模。对重要技术方案应进行多方案的技术经济比较，提出推荐方案。当采用现行的典型设计时，相应部分可适当简化。初步设计文件附件应含可行性研究报告批复文件，宜包含城乡规划、建设用地等相关文件和工程建设所涉及单位的相关协议。应说明选用的国家电网公司配电网工程典型设计具体方案，未选用的需说明原因；还应说明所选设备标准物料的应用情况。

可行性研究工程技术方案应在电网规划的基础上，重点对工程建设的必要性、可行性进行充分论证，确保工程方案技术、经济的合理性。在编制可行性研究报告时，应全面、准确、充分收集和掌握原始资料和基础数据，并在此基础上展开科学、合理的论证分析。

施工图应能正确指导施工、方便竣工验收、保证运行档案正确齐全。应简要说明初步设计评审意见的执行情况。各专业计算书不属于应交付的设计文件，但应按照有关条款的要求编制并归档保存。

任务二　配电网标准化设计设计说明书深度要求

≫【任务描述】

本任务主要讲解配电工程设计可行性研究、初步设计、施工图阶段的设计说明书深度及编制要求。

≫【知识描述】

一、设计说明书通用部分深度要求

1. 设计依据

设计依据包括技术依据和任务依据。技术依据应包括与工程相关的技术、规范、导则等。不同阶段的任务依据有所不同，可行性研究阶段任务的主要依据为与委托方签订的工程设计咨询合同、委托函或中标通知书等；初步设计阶段工程设计的主要依据为政府和上级有关部门批准的文件、可行性研究报告及批复文件、设计中标通知书或委托文件；施工图设计阶段主要依据为初步设计及批复文件。各阶段的主要任务依据如图 3-1 所示。

2. 工程建设规模和设计范围

可行性研究阶段应简述工程立项背景、工程规模、工程方案等，明确工程所属类别及工程所属供电分区类别。应界定给出工程影响的电网范围，简要说明该电网范围的基本信息，如包含的中压馈线条数、设备规模、占地面积等。

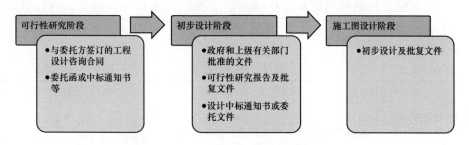

图 3-1　各阶段的主要任务依据

初设及施工图阶段工程建设规模和设计范围应包括工程线路起讫点、电压等级，主要设备材料型号、数量及其设备技术参数，变压器容量、台数（近、远期），无功补偿装置容量，各电压等级出线回路数及土建配套等；说明工程设计的起讫界限，应包含的内容和范围，对改、扩建工程应分析改造前后工程情况。完成概（预）算编制。

3. 工程建设必要性（仅可行性研究阶段要求）

可行性研究阶段应针对工程影响电网的主要问题，结合项目的地位和作用，总结论述工程建设必要性。根据建设必要性，将 10kV 及以下电网工程分为 12 类，详细如下：

1）满足新增负荷供电需求工程；

2）加强网架结构工程；

3）变电站配套送出工程；

4）解决"卡脖子"工程；

5）解决低电压工程；

6）解决设备重（过）载工程；

7）消除设备安全隐患工程；

8）改造高损配电变压器工程；

9）无电地区供电工程；

10）分布式电源接入工程；

11）电动汽车充换电设施接入工程；

12）其他。

同时应分析电网现状及存在问题，主要从电网网架、设备、运行情况三个方面进行分析，如表 3-2 所示。

表 3-2　　　　　　　　　　　　电 网 现 状 分 析

电网网架情况	电网设备情况	电网运行情况
1) 接线模式； 2) 供、配电设备、设施配置的供电能力； 3) 最大允许电流等	设备投运日期、型号、规模、健康水平等内容	供电线路（台区）最大负荷、负荷率、最大电流、安全电流等内容

结合工程建设目的，从网架、设备、运行等方面分别进行分析；从供电安全性、可靠性、经济性、供电质量等方面提出电网存在的主要问题。结合工程建设目的，协调地方规划建设、用电负荷发展，提出电网外部建设环境可能存在的主要问题。

宜采用空间负荷预测法、自然增长率法等方法，结合大用户报装情况，给出工程影响的电网负荷预测结果。结合电网发展规划，以远期发展目标指导近期工程建设，确定本工程的定位及应发挥的作用。

4. 站址概况、建设环境、通道清理

站址自然条件应说明工程所在的地理位置、场地地形地貌、周围自然环境、气象条件、道路交通情况、周边原有的和规划的重要建构筑物等。应说明线路路径沿线地面、地下建、构筑物等建设环境情况。应说明拆、改地下管线及地上"三线"（电力线、通信线、广播线）、路灯等市政设施情况及数量。应说明需要砍伐树木的数量及园林、绿地的恢复补偿数量等。

二、设计说明书可行性研究阶段深度要求

（一）配电部分

1. 电力系统一次部分

应详述工程拟采取的方案，并通过必要的附图进行说明。若存在备选方案，应详述各备选方案，宜从技术可行性、经济可行性两个方面论证并优选工程方案。

2. 电力系统二次部分

（1）配电自动化。应结合工程所在区域的电力专项规划，对拟实施配电自动化建设、改造区域进行论述。明确工程所属供电分区类别、配电自动化现状及规划情况。说明区域配电自动化建设模式与标准。提出工程所涉及的配电设备信息采集形式、相关材料量。

（2）配电网通信系统。应制定通信建设方案并选择通信方式。制定本工程系统通信建设方案，包括通信方式、组网方案、通信通道建设方案、建设方案等。结合配电自动化实施区域的具体情况选择合适的通信方式，满足配电自动化、用电信息采集系统、分布式电源、电动汽车充换电设施及储能装置站点的通信需求。说明选用对应通信方式下的 10kV 站点及对侧（含 35、110kV 变电站及系统主站端）通信设备配置情况。说明随工程实施的通信光缆线路的路由选择情况及建设方式，描述通信线路路径方案、光缆选择，包括线路敷设方式（排管、架空、直埋等）、线路走向，穿越行政区域，重要交叉跨越等，确定通信线路总长度、光缆型号及芯数等。进行继电保护配置、测量、计量表计配置说明。

（3）变、配电设施方案。采用文字及示意图的形式描述本工程的站址方案，并从环境要求、出线条件等各方面进一步明确本站址的建设规模和线路的接口要求等。站址地质及水文说明一般应包括海拔、污秽等级、环境温度等必要的内容。

3. 电气一次部分

说明电气主接线型式、配电变压器绕组接线方式和 0.4kV 中性点接地方式、主要电气设备、导体选型。说明配电站房主要电气设备及参数，说明配电站房主要电气设备间连接导体的材质、规格及型号。说明出线走廊、排列顺序，全站电气总平面布置方案，简述各级电压配电装置型式选择。防雷、接地方面说明采用过电压保护的方式，提出接地电阻要求。说明站用电交直流供电方式、布置及接线方式；正常、事故照明设计原则，电缆敷设及防火设计原则。

4. 电气二次部分

说明布置原则及形式，给出布置方案、直流系统设备选型、保护装置的选用及配置方式等。并结合典型设计方案，说明本工程站址的地质条件、主要建（构）筑物的名称及总建筑面积、建（构）筑物结构型式、地基处理方案、消防和通风方案，以及进出线通道的预留情况。

（二）电缆线路部分

对于电缆线路，应论证电缆通道建设的必要性、可行性，电缆管沟建设与利用情况，过路管道预埋情况，所在道路及其性质（新建、改建、扩建和原有）等内容。局部采用电缆的路段应说明必要性及采用路段、敷设方式。电缆线路路径选择应采用文字及示意图的形式说明工程的站址方案，从交通条件、地形地势、气象条件等必要的方面说明路径方案的优势。

对于配电网设备，应说明开关站、环网柜、分支箱的数量，说明安装位置和功能定位（分段、联络），各类开关设施应说明主要技术参数及设备基础，如接线方式、开关柜数量等。电缆选型宜根据综合饱和负荷状况、线路全寿命周期一次选定主干线截面，对于架空、电缆混合线路应分析两者的匹配情况。

电缆通道的描述应结合市政电力专项规划，根据电缆路径方案，说明电缆敷设方式。说明新建、改建电缆通道的起讫点、长度、结构形式，电缆井的结构形式及数量，电缆终端、支架数量及材质等；根据工程规模，说明电缆沟道防水、排水及隧道防火、通风设计方案。对于电缆管沟及电缆排管，应说明现状使用、预留及过路管预埋情况；对于电缆直埋敷设，应说明直埋敷设的具体方案。

通信部分应包含光缆敷设方式、起讫点、光缆类型、缆线长度、接续盒位置等。

（三）架空线路部分

对于架空线路，应说明线路路径起讫位置、路径概况，拆迁、交叉跨越，杆塔、杆塔基础等情况。对于改造线路，应分别按沿原路径和沿新选路径两种改造情况进行论证，并提供原线路和新建线路路径图。导线选型宜根据综合饱和负荷状况、线路全寿命周期一次选定主干线截面。开关设备布置应说明线路分段开关、联络开关、分支开关的额定电流和短路电流等参数及选型，提出合理布置线路开关的安装位置及数量。杆塔型式应根据工程沿途气象条件和地形情况优先选用典型设计明确选用方案类型，说明各种类型杆塔和基础规划使用数量。若不能采用典型设计的杆塔型式，应说明原因。应根据各地区污区分布图，确定污区等级及泄漏比距，并制定绝缘子、金具的配置方案；应提出线路及设备防雷、接地措施。

三、设计说明书初设阶段深度要求

（一）配电部分

1. 一次部分

说明工程本期及远期建设规模、电气主接线方式、进出线回路数等。说明断路器、负荷开关、电流互感器、电压互感器、避雷器、隔离开关、接地开关、无功补偿装置、母线等配置。适当说明谐波情况并提出限制措施。说明导体和主要电气设备的选择原则和依据。说明导体和主要电气设备的选择结果（包括选型结果、主要技术参数、标准物料编码、主要电气设备材料清册），改、扩建工程应对原有设备进行校验。总平面布置方案应根据工艺布置，结合地形、地质、地下管线走廊、日照、交通以及环境保护、绿化等要求布置建（构）筑物。应说明地形图所采用的坐标、高程系统，进出线管道布置方式，防火间距和消防通道。说明工程的防雷保护方式。说明开关站、环网室（箱）、配电室或预装式变电站等处的土壤电阻率和腐蚀性情况。应描述工作照明、事故照明、检修电源和消防电源等的电源引接及接线方案，并说明主要场所的照明及其控制方式。

2. 二次部分

继电保护及自动装置部分应提出二次设备布置方案、主要元件保护配置方案、备用电源自动投入装置设计方案。确定计量方式和互感器配置、各电压等级电能计量装置配置及组屏方案、用电信息采集终端及配置方案。远动通信应说明该站所在地与区域光纤、无线等通信网络互联的组网方案。

交直流系统应提出交直流电源系统的配置方案及容量；提出直流蓄电池组、充电设备配置方案。说明配电自动化装置的选用及配置原则、终端通信方式及规约名称和编号、二次系统安全防护措施。

3. 其他部分

消防通风采暖部分应根据建（构）筑物和电气设施性质确定消防方式和防火措施等。说明站区建（构）筑物耐火等级及火灾危险性分类、灭火器设置情况，通风方案及通风系统设备选择。根据工程具体实际情况进行采暖设计。防洪排涝应说明采用的给排水方案，说明站区山洪设计流量或站址附近水域的洪水位或内涝水位。考虑站址水位和防内涝措施及极端天气的影响，如防洪、防台、极寒等措施。环境保护和劳动安全部分应说明站区的自然环境概况、对应噪声标准及防噪措施。说明工程应满足国家规定的有关劳动安全等要求。说明工程应执行的强制性条文中的安全要求。应介绍工程应用新技术、新材料、新工艺的情况。

（二）电缆线路部分

应综合考虑电缆的通道容量、规划电缆敷设需求等，说明电缆在电缆通道、工作井、电缆夹层、电缆竖井中的敷设位置。描述电缆线路各路径方案沿线地形、地质、水文、主要河流、铁路、地铁、二级以上公路、园林、城镇规划、环境特点、特殊障碍物等；应说明变电站、开关站的电缆进出线位置、方向，新建电缆通道与已有、拟建电缆通道相互关系等。电缆选型根据系统要求的中性点接地方式、输送容量、电压等级、系统最大短路电流时热稳定要求、敷设环境（敷设方式、回路数、环境温度、排列方式、直埋深度等）和以往工程运行经验并结合本工程特点确定电缆截面和型号。电缆附件应包括终端头、中间接头等。应根据电压等级、电缆绝缘类型、安置环境、污秽等级、海拔、作业条件、工程所需可靠性和经济性等要求说明电缆附件的型号规格。电缆通道描述应说明沿线的地形、地质及地上地下建（构）筑物和水文（包括土壤冻结深度、地下水位高度等）、气象条件情况。若存在特殊地质条件如淤泥、湿陷性黄土、冻土、回填土等，需予以说明。应说明新建、改建电缆通道的起讫点、长度、结构形式、电缆井的结构形式及数量，还应包括横断面及纵断面、电缆工作井、重要交叉穿越等在内的土建部分内容。电缆敷设方式的选择应视工程条件、通道现况、环境特点、负荷需求、电网远期规划、以往工程运行经验等因素，且按满足运行可靠、便于维护的要求和技术经济合理的原则来选择。说明沿电缆线路路径的电缆敷设方式及采取该种敷设方式的理由。通信部分深度规定同可行性研究阶段。

（三）架空线路部分

1. 导（地）线选型

应根据系统要求（可行性研究批复）的输送容量及导线截面，按线路所在地区的环境（城镇人口密集、污秽等级、山区高差档距、出线走廊拥挤、树线矛盾突出等）选择典型设计规定的导（地）线型号（绝缘铝绞线、铝绞线、钢芯铝绞线或防腐导线）。应根据杆塔型式等因素进行导（地）线安全系数选择，列表给出导（地）线的机械电气特性。

2. 防雷和接地

根据线路沿线雷电活动情况和附近已有线路的雷击概率，对雷电活动较多地区应采取相应措施。应明确防雷技术措施、配置原则、设备选型及建设改造范围，并说明架空电力线路的防雷接地方式。

3. 绝缘配合、绝缘子和金具

应参照电力系统污区分级与外绝缘选择标准确定污秽等级，结合中性点运行方式，确定线路的绝缘水平。应说明导线的直线、耐张绝缘子组装型式和特点；提出运行、断线和最大荷载工况下绝缘子和金具的安全系数；说明线夹、接续、防振等金具的型式及型号。

4. 导线对地、交叉跨越距离

应说明导线对地和交叉跨越距离、导线对各种交叉跨越物的最小距离。交跨距离不满足要求或余量较小时应做特殊说明。说明树木跨越的主要原则。

5. 杆塔和基础

（1）杆塔。应根据工程实际情况说明选用的典型设计模块，对差异化设计的杆塔进行补充说明。杆塔选型应包括以下内容：

1) 杆塔型式选择，描述建设改造选用杆型；

2) 提出全线杆塔汇总表，包括各种杆塔使用条件、材料用量及典型设计模块应用情况。

应结合运行经验和沿线灾害调查，对局部地段防强风倒塔措施进行说明。

（2）基础。应说明沿线的地形、地质和水文情况、土壤冻结深度、地震烈度、施工、运输条件，对软弱地基、膨胀土、湿陷性黄土等特殊地质条件做详细的描述。应综合地形、地质、水文条件以及基础作用力，选择适当的基础类型，优先选用原状土基础。说明各种基础型式的特点、适用地区及适用杆塔的情况。对基础尺寸应进行优化。线路通过软弱地基、湿陷性黄土、腐蚀性土、活动沙丘、流砂、冻土、膨胀土、滑坡、采空区、地震烈度高的地区、局部冲刷和滞洪区等特殊地段时，应说明采取的措施。应说明基础材料的种类、强度等级。如需设置护坡、挡土墙和排水沟等辅助设施时，应论述设置方案和对环境的影响。

6. 柱上变压器及开关设备

应说明柱上变压器、低压综合配电箱的设备选型、中性点接地方式以及典型设计模块的应用情况。柱上开关设备包含柱上联络开关、分段开关、负荷隔离开关、断路器等，应根据配电网中长期规划的短路电流水平，说明柱上开关设备的配置原则、安装方式及设备选型。

7. 配电自动化终端

对纳入配电自动化建设规划的线路，应说明柱上设备的配电自动化终端（FTU、故障指示器）配置原则、设备选型及安装方式。

8. 通信部分

应同步完善配电光纤通信网络和主干光缆网络，在架空线路上增加光缆架设位置、金具附件、导地线光缆、光缆接续设计。应描述本工程实施前相关传输网络状况，应详述本工程传输网建设和组织方案。应增加本工程光缆建设方案。说明通信方式，如采用专用光缆，应详述各条光缆随输电线路架设名称、线路电压等级、架设方式、缆路起讫点、中间起落点、站间距离、线路（光缆）总长度、光缆类型、光纤芯数和规格、与相关光缆连接点位置及引接方式。

9. 环境保护和劳动安全

必要时应说明电磁环境影响和区域环境影响程度，有影响时明确采取措施减小对环境的影响。应说明架空线路工程应满足国家规定的有关劳动安全与卫生等要求。说明工程应执行的强制性条文中的安全要求。

10. 拆旧情况说明

说明拆旧工程范围及概况，应包括主要拆旧物资种类、数量等情况。

11. 其他

应说明新材料、新工艺、新技术采用情况。

四、设计说明书施工图阶段深度要求

（一）配电部分

施工图阶段配电部分图纸应说明一次、二次、自动化及通信设备型号、主要技术参数。说明配电工程中需应用的接地形式及所需注意事项。应明确构筑物内采用的防火措施，包括防火材料、防火位置、防火封堵形式等。

说明土建部分执行的主要法规和采用的主要标准等。说明配电工程设计的起讫界限、应包含的内容和范围。对改扩建工程，应说明原有工程情况及其与本期工程的衔接和配合。平面布置方案根据工艺布置，结合地形、地质、地下管线走廊、日照、交通以及环境保护、绿化等要求布置建构筑物；说明地形图所采用的坐标、高程系统；说明进出线管道布置方式。

根据建筑和电气设施性质确定消防方式和防火措施等，说明灭火器设置情况。说明通风方案及通风系统设备选择。根据具体工程实际情况进行采暖设计。

根据工程实际情况阐述站区给排水方案并满足以下要求：

1）站区山洪设计流量或站址附近水域的洪水位或内涝水位；

2）站区防洪或防内涝措施；

3）考虑极端天气的影响，如防洪、防台、极寒等措施。

环境保护和劳动安全部分同初设阶段。

（二）电缆线路部分

电缆路径介绍应包括电缆及电缆通道的起讫位置、路径长度、详细路径走向、土建设施型式与分布情况的描述。应简要描述路径方案沿线地形、地貌、水文、绿化、主要河流、铁路、地铁、城市快速路、城镇规划、特殊障碍物等建设环境特点。应说明线路特殊地段及采取的处理措施。

应说明变电站、开关站、环网室、配电室的电缆进出线位置、方向及本期工程对已有电缆通道的利用情况，新建电缆通道与已有、拟建电缆通道相互关系，远近期过渡方案等。

电缆及电缆附件选型应包含：

1）电缆的主要技术指标，如电缆的载流量等；

2）电缆及主要电缆附件的名称、型号、外形、主要参数、种类等；

3）电缆线路的接地方式；

4）电缆终端及接头布置方式；

5）电缆本体采用的防火措施；

6）电缆与架空线的连接方式及防雷措施（必要时）。

（三）架空线路部分

1. 线路路径

应根据工程具体情况，结合城市规划部门出具的文件，说明影响线路路径选择的因素（路径方案复杂时），详细说明线路路径；说明线路起讫点、控制路径的主要因素，经过的地区、市、县名称及线路长度。列表说明线路跨越铁路、公路、河流、电力线（分电压等级统计）、通信线、油气管道、林区、矿区等障碍物的次数或长度。说明沿线的地形、地质、水文情况及海拔范围。并对线路经过的不良地质地带、重冰区、舞动区、林区、自然保护区、文物保护区等进行描述；简述沿线交通运输情况。说明线路工程的改造、拆除、过渡方案及注意事项。

2. 线路走廊清理

旧线路拆除情况说明应包括拆除旧线路工程量说明、拆旧物资种类、数量、休止情况等。障碍设施的拆迁应根据相关规范、路径协议，说明被拆迁物的名称、规模、数量等，宜列入杆塔明细表说明中。树木砍伐情况说明应包括树木跨越和砍伐的设计原则、树木砍伐（包括塔基、风偏、架线通道等）范围。

3. 设计气象条件

应说明气象区划分情况，以表格形式列出气温、风速、覆冰等工况设计气象条件组合情况及年平均雷暴日、冰的密度等信息。

4. 导（地）线选择

应明确导（地）线的型号、机械/物理特性、设计安全系数、最大使用应力（张力）、平均运行应力（张力）、初伸长的处理方法和应力放松情况等。

5. 防雷和接地

防雷和接地设计说明应包括以下内容：

1）简述防雷措施；

2）说明不同土壤电阻率下允许的工频接地电阻值及接地装置型式，说明对接地体敷设有特殊要求的塔号及具体要求；

3）说明避雷器安装方式、型号及绝缘导线的防雷措施。

6. 导（地）线防振

应说明导（地）线防振措施。

7. 绝缘配合、绝缘子及金具

绝缘配合、绝缘子及金具设计说明应包括以下内容：

1）全线污区划分、污秽特性和绝缘配置水平；

2）绝缘子主要尺寸参数及机电特性；

3）对不同的海拔、污区、冰区，分别说明导线直线和耐张绝缘子的型式；

4）直线、耐张绝缘子串组装型式及适用条件；

5）跳线型式、悬挂方式以及跳线安装的施工工艺要求；

6）悬垂线夹、耐张线夹等主要金具的型号、材质要求。

8. 对地距离及交叉跨越

应说明导线对地、交叉跨越，与其他各类线路的平行架设距离等，说明特殊情况的处理措施。

9. 施工、运行注意事项

应提出施工、运行中关于安全、工艺等方面的注意事项及要求，包括架线、线路相序布置、绝缘子串组装、接地、带电作业、杆塔、基础等方面内容。

10. 附件

应包含初步设计评审意见、必要的会议纪要和文件、路径协议文件等。

杆塔和基础、柱上变压器及开关设备、配电自动化终端、通信部分、环境保护和劳动安全部分参考初设部分。

任务三　设计图纸深度要求

>> 【任务描述】

本任务主要介绍配电工程设计可行性研究、初步设计、施工图阶段的图纸深度要求。

>> 【知识描述】

一、可行性研究阶段设计图纸目录及深度要求

（一）图纸目录

可行性研究阶段图纸目录如下，可视工程具体情况增减图纸。

1）现状电网地理接线图及单线图；

2）工程实施后地理接线图及单线图；

3）站址地理位置及线路进出线规划图；

4) 线路路径图；

5) 电气主接线图；

6) 电气总平面布置图；

7) 电缆通道布置图；

8) 通信系统示意图；

9) 土建图。

地理接线图、单线图、线路路径图、电气主接线图等如图 3-2～图 3-7 所示。

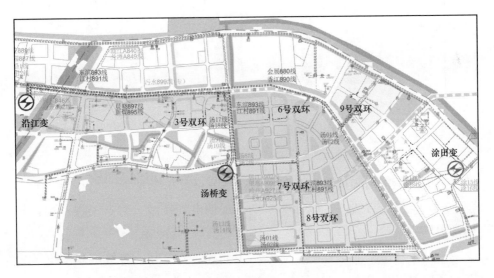

图 3-2　地理接线图（参考）

（二）图纸及材料清册深度规定

1. 图纸深度

（1）配电工程站址地理位置及线路进出线规划图。选择合适的比例，重点标示本站所处的地理位置及出线走廊，并标示与本工程设计方案有关的开关设施、配电站和线路等。

（2）线路路径方案图。路径方案图宜以电子地图为背景进行绘制，宜在 1∶2000～1∶10000 地形图上标示路径，重点应注明原有、新建及改造线路的走向，杆塔主要转角位置以及导线型号。对于有联络的中压线路，

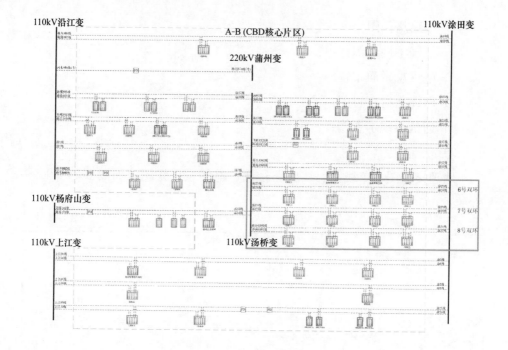

图 3-3 规划单线图（参考）

路径方案图应能清晰反映出线路间的联络节点及联络关系。

（3）电气主接线图。应标明本期、远期电气接线，对本工程及预留扩建加以区别。

（4）电气总平面布置图。应标明主要建、构筑物，各级电压配电装置及主要电气设备等。

2. 附表

（1）工程项目信息表，应包括工程规模等内容。

（2）主要设备材料清册表，包括所有应招标设备材料的名称、型号（或技术功能说明）、规格、数量等内容。

3. 其他支持性文件

（1）工程设计委托书。

（2）宜视工程具体情况落实必要的站址及路径协议。

（3）设备评估报告。

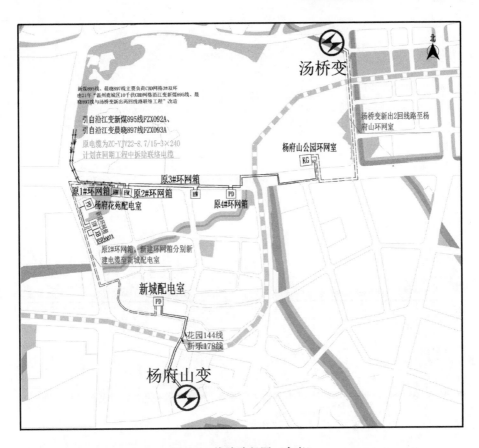

图 3-4　线路路径图（参考）

二、初设阶段设计图纸目录及深度要求

（一）配电部分

1. 图纸目录

配电部分初设阶段图纸应包括以下内容，可视工程具体情况增减图纸，如图 3-8～图 3-12 所示。

1）电气主接线图；

2）10/0.4kV 压系统配置图；

3）电气平面布置图；

4）电气断面布置图；

5）建筑平面布置图；

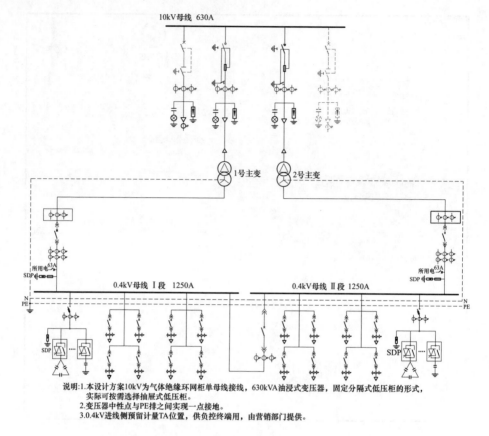

说明：1.本设计方案10kV为气体绝缘环网柜单母线接线，630kVA油浸式变压器，固定分隔式低压柜的形式，实际可按需选择抽屉式低压柜。
2.变压器中性点与PE排之间实现一点接地。
3.0.4kV进线侧预留计量TA位置，供负控终端用，由营销部门提供。

图 3-5　电气主接线图（参考）

6）建筑立面及剖面图。

2. 图纸及材料清册深度规定

（1）电气主接线图。标注各电压等级电气主接线方式以及断路器、负荷开关、电流互感器、电压互感器、避雷器、隔离开关、接地开关、无功补偿装置的配置；变压器型号、参数、中性点接地方式及补偿设备；其他设备型号及参数，并标注图中设备和导体的型号；母线及引线型号、参数等；如电气部分分期建设时，需注明远景接线示意图；配电自动化终端（含通信终端、光纤和无线通信设备）配置方案。

（2）10（0.4）kV压系统配置图。与电气主接线图中设备配置、参数一致，标注各间隔名称、设备参数和母线编号等。

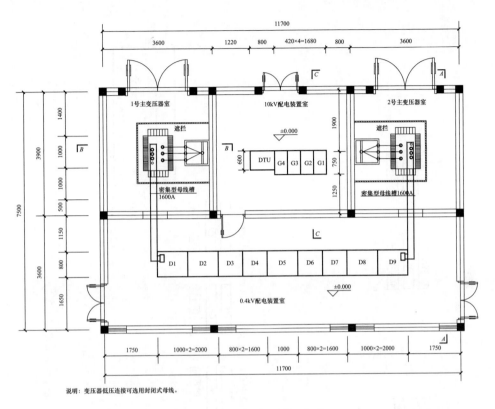

说明：变压器低压连接可选用封闭式母线。

图 3-6　电气总平布置图（参考）

（3）电气平断面布置图。电气平断面布置图应标注设备、构架、墙体等中心线之间的距离，纵向、横向总尺寸及方位。设备材料表中的设备材料应注明编号、名称、型号及规格、单位、数量及备注。

（4）建筑平面布置图。说明规划容量的站区用地范围；主要建筑物及构筑物的位置、名称、层数、建筑间距；坐标或定位尺寸；站区围墙的坐标及设计地面标高；设备运输道路的布置、连接及主要坐标或定位尺寸，电缆沟的布置；指北针；图例和站区建（构）筑物一览表。

（5）建筑立面及剖面图。各个方向的立面应绘制完整，如差异极小，简单的立面可以省略，也可附带在相关剖面图上表示，如剖面图未能完全表示时，则需要单独绘出；各向立面图可仅标出建筑两端轴线编号；剖面图应标出各层层面的标高。

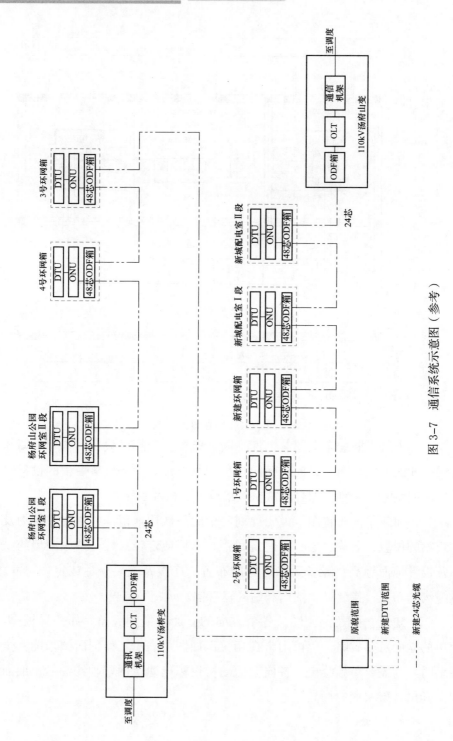

图 3-7　通信系统示意图（参考）

（6）主要设备材料清册。应包括各专业提出的主要设备材料型号、数量及其技术参数、标准物料编码，宜按专业分项开列。

（7）拆旧物资清册。应包括拆旧物资的型号、数量，并说明利旧或退出运行情况。

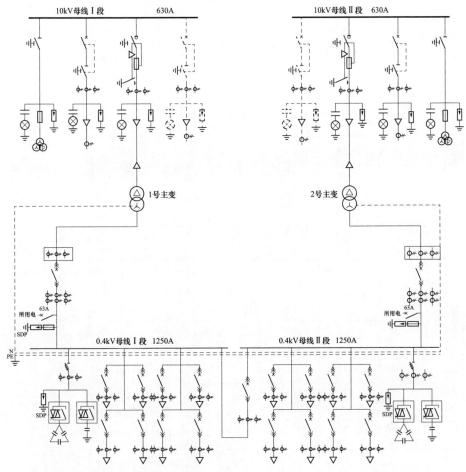

说明：1.本设计方案10kV为气体绝缘环网柜两个独立单母线接线，630kVA油浸式变压器，固定分隔式低压柜的形式，实际可按需选择抽屉式低压柜。

2.变压器中性点与PE排之间实现一点接地。

3.0.4kV进线侧预留计量TA位置，供负控终端用，由营销部门提供。

图3-8 电气主接线图（参考）

主母线（630A）	10kV I 段母线 630A						10kV II 段母线	630A
10kV空气绝缘负荷开关柜接线图	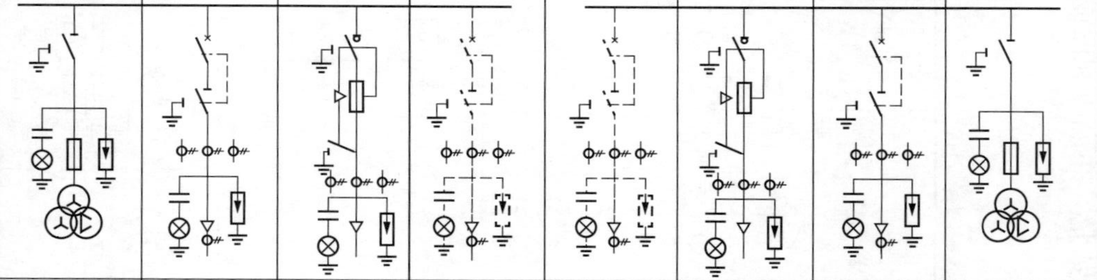							
开关柜编号	G1	G2	G3	G4	G5	G6	G7	G8
开关柜名称	I段电压互感器柜	进线柜1	#1变630kVA	馈线柜1	馈线柜2	#2变 630kVA	进线柜2	II段电压互感器柜
额定电流（A）	630	630	630	630	630	630	630	630
额定电压（kV）	12	12	12	12	12	12	12	12
三位置开关	630A	630A	630A	630A	630A	630A	630A	630A
负荷开关								
断路器		630A,20kA	630A,20kA	630A,20kA	630A,20kA	630A,20kA	630A,20kA	
隔离/接地开关								
熔断器			63A			63A		
电流互感器0.5S(5P10)0.5S		600/1	150/1	300/1	300/1	150/1	600/1	
零序电流互感器		100/1		100/1	100/1		100/1	
避雷器17/45kV	1A $\frac{10/0.1/0.22/0.1}{/3/3/3}$ kV							1A $\frac{10/0.1/0.22/0.1}{/3/3/3}$ kV
带电显示器	1组	1组	1组	1组	1组	1组	1组	1组
电操机构	1组	1组	1组	1组	1组	1组	1组	1组
数显表	1副	1副	1副	1副	1副	1副	1副	1副
加热器	1只	1只	1只	1只	1只	1只	1只	1只
	1只	1只	1只	1只	1只	1只	1只	1只
柜体尺寸（宽×深×高）mm	600×750×1950	420×750×1950	420×750×1950	420×750×1950	420×750×1950	420×750×1950	420×750×1950	600×750×1950

图 3-9　10kV系统配置图（参考）

说明：1.本方案10kV环网柜选用气体绝缘环网柜，当选用其他柜型时须在设备基础尺寸需适当调整。开关柜的防护等级不低于IP4X，电动操作机构及二次回路封闭装置的防护等级不应低于IP55。

2.柜内开关配电动操作机构、辅助触点（另增6对动断、动合触点），满足配电网自动化要求。

3.柜内电流互感器一次电流应根据具体工程的实际情况需求配置，二次电缆线径按需配置。

4.出线避雷器、故障指示器应接地选用。

5.进线带电显示器应闭锁接地开关。

6.电压互感器容量、变比、熔断器电流可按需配置。

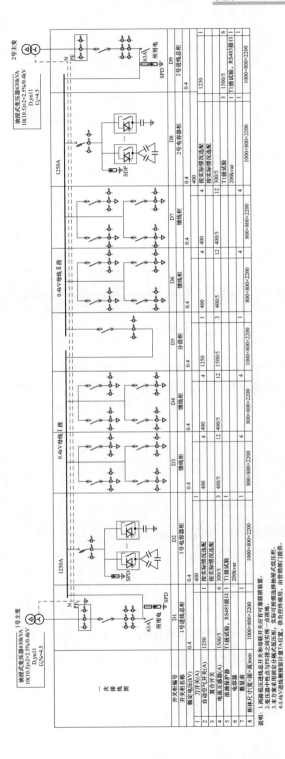

图3-10 0.4kV系统配置图（参考）

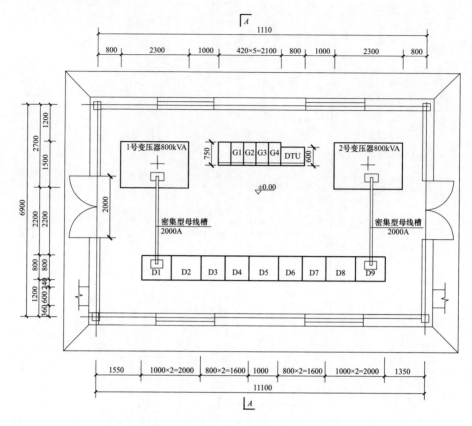

图 3-11　电气平面布置图（参考）

（二）电缆线路部分

1. 图纸目录

电缆线路部分初设阶段必备图纸应包括：

1）接入前、后电力系统方案图；

2）电缆（光缆）路径图；

3）电缆通道断面图；

4）电缆（光缆）通道内敷设位置图。

必要时应补充以下图纸：

1）电缆（光缆）路径示意图；

2）重要交叉穿越地段纵断面图；

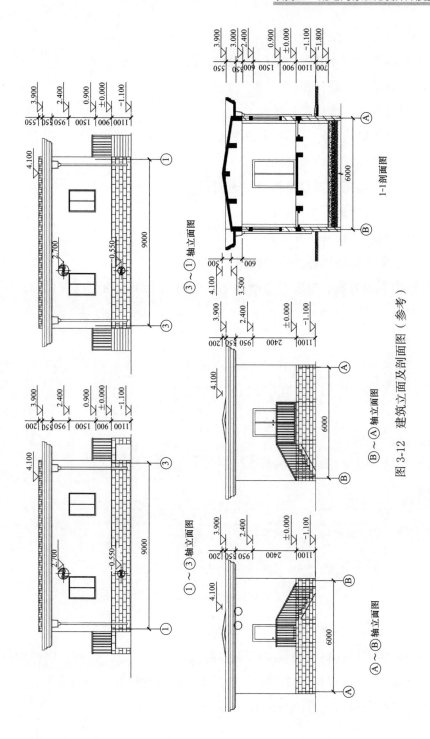

图 3-12 建筑立面及剖面图（参考）

3）电缆通道结构设计图；

4）电缆敷设于其他公用设施中的断面图；

5）电缆支架设计图；

6）电缆隧道通风设计图；

7）电缆隧道供电（照明）系统图；

8）电缆隧道防火设计图；

9）电缆隧道火灾自动报警系统图；

10）电缆隧道排水设计图；

11）电缆工作井平断面图；

12）电缆所经道路的横断面图。

电力系统方案、电缆通道断面图、电缆（光缆）通道内敷设位置图如图 3-13～图 3-16 所示。

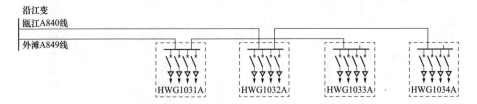

图 3-13　接入前电力系统方案图（参考）

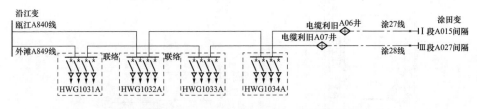

图 3-14　接入后电力系统方案图（参考）

2. 材料清册深度规定

（1）主要设备材料表。应包括名称、规格、单位、数量、物料编码和技术规范书 ID 等栏目，并应说明是否计入设备材料损耗和拆除等。

（2）设备材料内容。

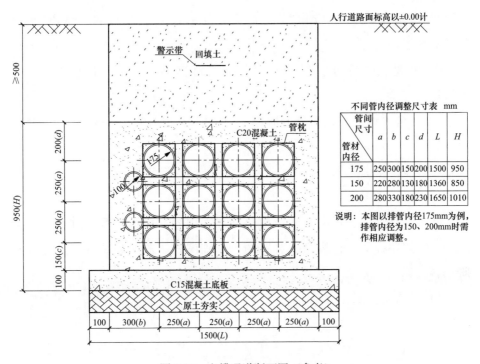

不同管内径调整尺寸表　mm						
管间尺寸 管材内径	a	b	c	d	L	H
175	250	300	150	200	1500	950
150	220	280	130	180	1360	850
200	280	330	180	230	1650	1010

说明：本图以排管内径175mm为例，排管内径为150、200mm时需作相应调整。

图 3-15　电缆通道断面图（参考）

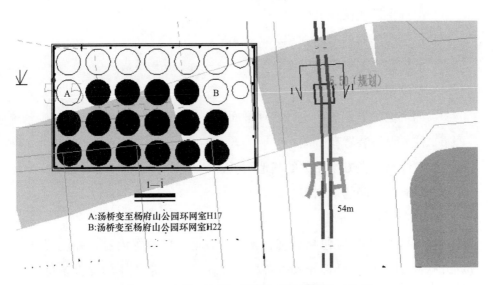

A:汤桥变至杨府山公园环网室H17
B:汤桥变至杨府山公园环网室H22

图 3-16　电缆（光缆）通道内敷设位置图（参考）

1) 电缆电气部分应包括电缆及附件的设备、紧固件及其安装材料等;

2) 电缆土建部分应包括电缆通道构筑物土建本体、预埋件、构支架等;

3) 电缆通道辅助设施部分应包括通道标志、通风、照明、防火、排水等设施。

(三) 架空线路部分

1. 图纸目录

架空线路部分初设阶段图纸应包括以下内容,可视工程具体情况增减图纸,线路路径图、杆塔型式一览图、基础型式一览图如图 3-17～图 3-19 所示。

1) 线路路径图;

2) 杆塔型式一览图;

3) 基础型式一览图。

必要时应补充以下图纸:

1) 电气主接线图;

2) 柱上变压器杆型图;

3) 低压综合配电箱电气图;

4) 变电站进出线规划图;

5) 拥挤地段平面图和走廊清理平面图;

6) 柱上设备装置布置图;

7) 与线路路径方案相关的其他图纸;

8) 政府已明确的规划图纸。

2. 材料清册深度规定

主要设备材料表应包括名称、规格、数量、单位等内容,并说明是否包括备品备件,以及是否计入设备材料损耗等。线路本体部分设备材料应包含导(地)线类、杆塔类、拉线类、绝缘子类、金具类、基础类、柱上设备类、自动化和通信类设备等。

三、施工图阶段设计图纸目录及深度要求

（一）配电部分

1. 图纸目录

配电部分施工图阶段图纸目录见表 3-3，可视工程具体情况增减图纸。

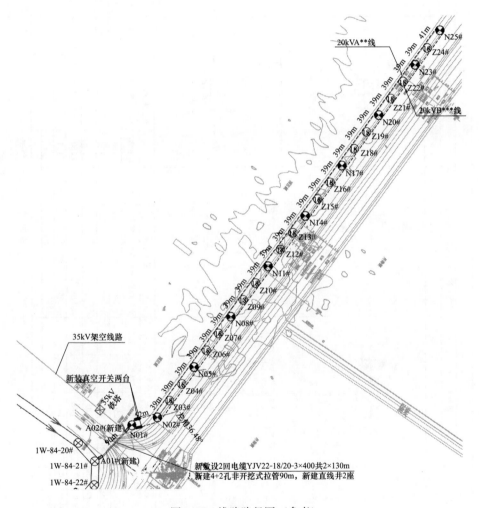

图 3-17　线路路径图（参考）

序号	1	2	3	4
杆型名称	单杆直线杆	单杆直线耐张杆	单杆耐张转角杆	耐张转角杆
型号	11ZS3D2	11ZN3D2	11J13D2	11J23D2
杆型示意图	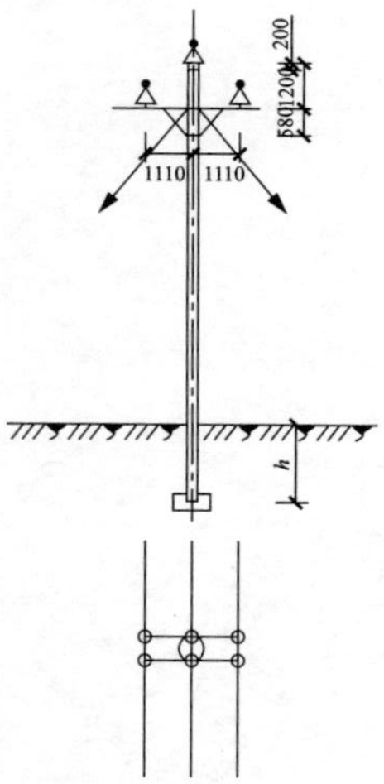	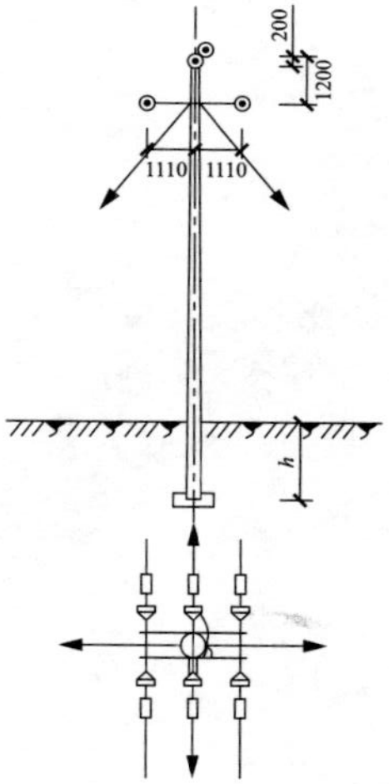	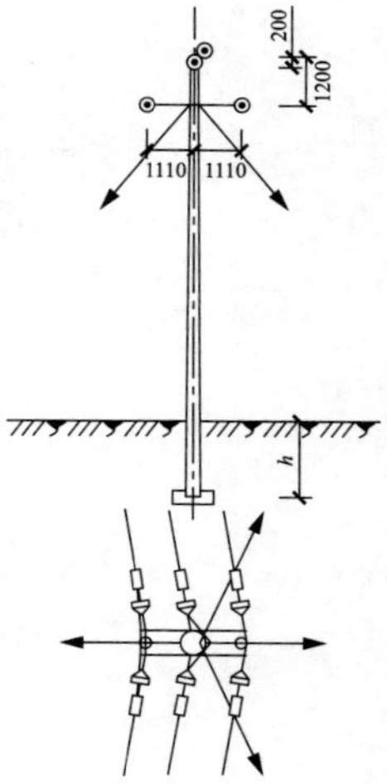	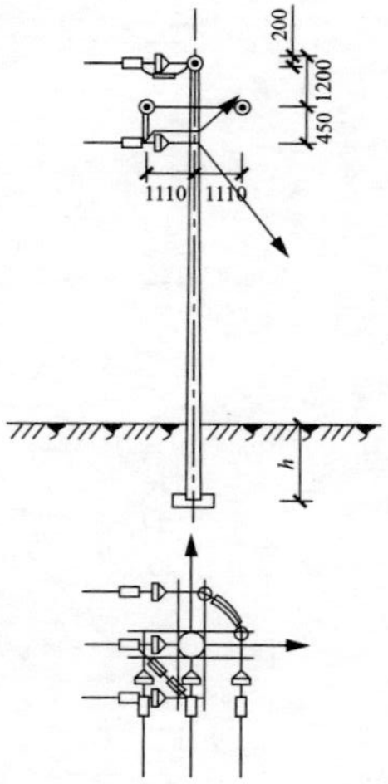

使用范围	导线型号 \ 呼高(m)	最大使用（单杆直线杆）				最大使用（单杆直线耐张杆）				最大使用（单杆耐张转角杆）				最大使用（耐张转角杆）			
		水平档距	垂直档距	转角	页码	水平档距	垂直档距	转角	页码	水平档距	垂直档距	转角	页码	水平档距	垂直档距	转角	页码
	JKLHYJ/Q-70　3.0	150	250			140	250			130	250	5°~45°		140	250	45°~90°	
	JKLHYJ/Q-150　3.5	180	180			160	250			150	250	5°~45°		160	250	45°~90°	
	JKLHYJ/Q-240　3.5	210	120														
	JL/G1A.70/10　3.0	200	300			170	300			160	300	5°~45°		170	300	45°~90°	
	JL/G1A.150/20　4.0	190	180			165	300			155	300	5°~45°		165	300	45°~90°	
	JL/G1A.240/30　4.5	200	110														

图3-18　杆塔型式一览图（参考）

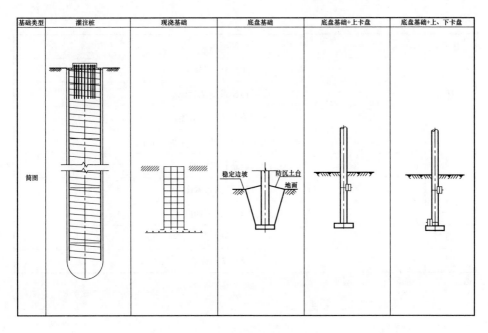

图 3-19 基础型式一览图（参考）

表 3-3　　　　　　　　　　　　**配电部分施工图阶段图纸目录表**

序号	图纸名称
1	电气主接线图
2	10kV 配电装置配置接线图
3	0.4kV 配电装置配置接线图 （台区低压综合配电箱配置图）
4	电气平面布置图
5	电气断面布置图
6	设备安装图
7	建筑防雷布置图
8	接地装置布置图
9	照明布置及电气图
10	二次原理及端子排图
11	交直流系统图
12	开关柜小母线布置图
13	配电自动化原理及接线图
14	控制电缆清册

序号	图纸名称
15	光缆路由现状图
16	光传输系统现状图
17	光传输系统建设方案图
18	通信站机房（设备屏位）平面布置图
19	设备材料清册
20	建筑平面布置图
21	建筑立、剖面图
22	结构图
23	设备基础详图

2. 图纸及材料清册深度规定

（1）电气部分。

1）电气主接线图。要求如下：

① 各级电压电气主接线方式以及断路器（负荷开关）、电流互感器、电压互感器、避雷器、隔离开关、接地开关、无功补偿装置、计量装置等的配置；

② 各级电压进出线回路名称或编号、排列；

③ 变压器型号、参数、中性点接地方式；

④ 其他设备及导体型号、参数。

2）10kV/0.4kV 配电装置配置接线图。应与主接线中设备、参数一致，详细标注各间隔名称、设备及导体参数等。

3）电气平面布置图。应与建筑平面布置图中进出线方向一致，必要时应与线路专业对接，标明进出线位置和方向；应标注设备、构架、墙体等中心线之间的距离，标注纵向、横向总尺寸。

4）电气断面布置图。要求如下：

① 表示该设备断面示意图；

② 详细标注设备、构架、墙体等中心线之间的距离，标注断面总

尺寸；

③ 标注进出线、母线的标高、设备安装支架高度，需要时标注设备高度；

④ 标注设备、导体等的编号，并应与设备材料表对应；

⑤ 设备材料表中的设备材料应注明编号、名称、型号及规格、单位、数量及备注。

5）设备安装图。要求如下：

① 应详细标注设备基础、设备支架高度、设备底部安装孔孔径及孔间距、设备外形尺寸、重量、一次接线板材质、外形尺寸、孔径及孔间距、埋管定位，说明安装件的加工要求，并应表示设备接地引线及二次光、电缆位置；

② 设备安装方式应与通用设备接口标准相一致，若有特殊要求的，应在图中加注说明；

③ 安装材料表应注明编号、名称、型号及规格、单位、数量及备注。包括设备本体及传感器数量。

6）建筑防雷布置图。应绘出建筑物避雷带网格及引下线位置，说明网格大小，引下线位置加装集中接地装置。建筑结构钢筋应提出等电位连接接地要求。

7）接地装置布置图。要求如下：

① 说明接地设计原则；

② 说明独立建（构）筑物主接地网的埋设深度和与建筑物、设备的距离要求；

③ 绘出屋内配电装置、建筑物接地干线的走向布置，与主接地网的连接点及引接方式；

④ 绘出临时接地端子的设置，设备及接地体的图例说明；

⑤ 表示出各接地点位置及接地材料要求等；

⑥ 设备材料表中的设备材料应注明编号、名称、型号及规格、单位、数量、图例及备注。

8）照明布置及电气图。要求如下：

① 表示照明箱、灯具位置，照明回路、照明灯数量、功率，导线和电缆敷设路径、截面；

② 设备材料表中的设备材料应注明编号、名称、型号及规格、单位、数量、图例及备注；

③ 图例完整、符号统一；

④ 注明消防设施的选择。

9）二次原理及端子排图。应表示进出线及变压器等的交直流电源、电流电压采样、跳闸出口、开入开出、信号和通信方式等。应表示计量装置布置及接线、计量电压、电流互感器接线、电压并列装置原理及接线、电能信息采集屏或电能信息采集与监控终端及预付费控制原理等。

10）交流系统图。应标识交流系统的接线方式、装设进线互投装置、装设 UPS 装置、事故照明装置、馈线数量等。

11）直流系统图。应标识直流系统的接线方式、蓄电池型号和数量、端电池的设置、充电、浮充电设备及馈线数量等。

12）开关柜小母线布置图。应绘制出相关柜内外交直流小母线配置及起止点。

13）配电自动化原理及接线图。应绘制配电自动化屏柜及相关端子排的外部去向，包括回路号、电缆去向及电缆编号。

14）控制电缆清册。应表示出每回电缆的编号、规格、始点位置、终点位置、长度。

15）光缆路由现状图。应表示本工程相关区域的光缆通信站、光缆线路现状、各通信站和通信网络的连接方式；应标注光缆型式、芯数、长度、所依附的电力线路电压等级、架设方式等；应区分规划和现状光缆、通信站。

16）光传输系统现状图。应示意工程投产前所在地理位置有关光纤通信传输系统各级通信通道系统连接、传输速率、与设计方案有关的通信站及通道等。

17）光传输系统建设方案图。应示意工程投产后与各级（国家、区域、省、地/市）通信通道系统连接、节点名称、传输速率、与设计方案有关的通信站及通道等。

18）通信站机房（设备屏位）平面布置图。应根据推荐的通信设备布置区域通信机房）面积示意本期各功能屏位、远景年各功能屏位的布置图。

19）设备材料清册。开列设备及材料并汇总，注明名称、物料编码、型号规格、单位、数量及备注。

（2）土建部分。

1）建筑平面布置图。应包括：站区征地范围；建筑物及构筑物的位置、名称，层数；应标注坐标或定位尺寸、设计地面标高；上下水管及电缆沟的布置，控制点及排放出口标高；指北针；主要技术经济指标表、图例和站区建构筑物一览表表明建构筑物名称，分期建设项目，占地面积；说明栏内注写尺寸单位、比例、地形图的测绘单位、日期，坐标及高程系统名称（如为场地建筑坐标网时，应说明其与测量坐标网的换算关系），补充图例及其他必要的说明等。绘制屋面排水图、站房地理位置图。

2）建筑立、剖面图。应绘出建筑物立面外形图，各个方向的立面应绘全，如差异极小，简单的立面可以省略，也可附带在相关剖面图上表示，如剖面图未能完全表示时，则需要单独绘出，标注标高及竖向尺寸；各向立面图仅需标出建筑两端轴线编号；建筑立面和剖面根据工程实际情况应绘制相应电气设备的进出线洞口。

3）结构图。应包括建筑基础图、上部结构布置及配筋图。

4）设备基础详图。绘出设备基础的平面及剖面、配筋、基础梁、基础垫层，标注总、分尺寸、标高及与建筑物轴线的关系；根据工艺要求设置预留孔、预埋件，标注预留孔、预埋件的定位尺寸及大小。

（二）电缆线路部分

1. 图纸目录

电缆线路部分施工图阶段图纸目录见表3-4，可视工程具体情况增减图纸。

表 3-4 电缆线路部分施工图阶段图纸目录表

序号	图纸名称
1	电缆线路接线示意图
2	电缆线路路径图
3	电缆通道内敷设位置图
4	变电站电缆进出线间隔布置图
5	站内电缆走向布置图
6	电缆上杆布置图
7	电缆接地方式示意图
8	保护管断面图
9	工作井施工图
10	支架加工安装图
11	电缆构筑物施工图
12	电缆附属设施设计图
13	对特殊环境段的处理图纸

2. 图纸及材料清册深度规定

（1）设计图纸。

1）电缆线路接线示意图。应标明变电站（开关站、环网室、环网箱）两侧进出线间隔或终端杆号；标明电缆型号、回路数、进线间隔编号；中间接头位置及各电缆段长度；附设计说明、图例等。

2）电缆线路路径图。图纸中应标示图纸分幅编号，各分幅图纸边缘衔接标志。图纸比例宜取1：500或1：1000，标明电缆（光缆）线路走向、电缆（光缆）接头在工作井内编号和接头里程、电缆（光缆）在敷设断面的布置形式及位置、电缆电压等级型号，标明电缆工井所在位置及里程。附指北针、图例，标明电缆工井所在位置及里程。

3）电缆通道内敷设位置图。图纸应准确描述电缆（光缆）通道已使用情况及本期电缆（光缆）通道的使用需求。

4）变电站电缆进出线间隔布置图。应按不同回路数分别标明间隔顺序、名称、电缆终端安装方式等。

5）站内电缆走向布置图。图纸应按比例绘制。在变电站平面图上标明进出线构架或间隔的位置和编号。标示电缆线路走向、站内电缆通道布置、电缆相位排列及所占孔位等。

6）电缆上杆布置图。图纸应按比例绘制，根据需要绘制平、断面图。标示电缆登塔（杆）平台、电缆终端、避雷器、绝缘子位置，安全距离，相位。标示电缆沟位置，列出设备材料表。标示设备安装方式和安装尺寸，必要时绘出局部放大详图。绘制安装设备用的构件、零部件的尺寸和加工图，并列出安装用材料表。

7）电缆接地方式示意图。图纸应表述电缆构筑物的接地方式及电缆终端的接地方式。

8）保护管断面图。应详细标明各项尺寸、配筋和施工要求，保护板、警示带位置，地上标志物位置、数量及做法。保护管规格、材料；宜标明管枕的材料和数量。

9）工作井施工图。应根据工程具体情况选择适当的井型、井位，尺寸应标注清楚、准确无误；标明配筋形式及钢筋的规格、数量；注明各种支架、挂钩、挂梯及预埋件等安装位置；注明集水坑位置、型式、数量。

10）支架加工安装图。图纸应按比例绘制。标明支架尺寸、材质，安装、接地的方式及施工要求等。

11）电缆构筑物施工图。应根据工程具体情况选择适当的电缆构筑物形式，尺寸应标注清楚、准确无误；标明配筋形式及钢筋的规格、数量；注明各种支架及预埋件等安装位置；注明集水坑位置、型式、数量。

12）电缆附属设施设计图。图纸应能说明电缆通道的标志、排水、防火、防水、封堵、通风、照明等附属设施。

13）对特殊环境段的处理图纸。图纸应能描述电缆路径中如高落差、过桥和水下等特殊环境段情况，并说明解决特殊环境段对电力电缆不良影响所采取的技术措施。

（2）主要设备材料清册。

1）电气部分材料表。电缆线路电气部分材料表宜按电缆清册、电缆终端与接头、光纤、避雷器、电缆终端站、电缆登塔（杆）、构支架、金具、防火等分类统计（考虑损耗）所需要各种材料型号、规格、数量。电缆监测设备的型号、规格、数量。电缆拆除型号和数量。

2）土建部分材料表。应包含电缆保护管型式、孔数和孔径、长度；沟道、隧道型式、尺寸、长度；隧道附属设施（供电、通风、照明、排水、防火、通信、监控、接地、标识等）的主要设备材料；工作井的规格和数量、接地装置。

（三）架空线路部分

1. 图纸目录

架空线路部分施工图阶段图纸目录见表 3-5，可视工程具体情况增减图纸。

表 3-5　　　　　　　　架空线路部分施工图阶段图纸目录表

序号	图纸名称
1	线路路径图
2	杆塔明细表
3	平断面定位图
4	架线施工图
5	绝缘子及金具串组装图
6	柱上变压器台安装图
7	接地装置图
8	导（地、光缆）线防振锤安装图
9	杆塔施工图
10	杆塔、钢管基础施工图

2. 图纸及材料清册深度规定

（1）设计图纸。

1）线路路径图。要求如下：

① 一般宜采用 1∶500、1∶1000、1∶5000 或 1∶10000 比例地形图或卫片图；

② 标出杆塔号、档距、柱上设备、拉线位置等；

③ 标出影响线路走向的保护区、厂矿设施、主要道路、规划道路及设施等障碍物情况；

④ 标出与本线路交叉或平行接近的主要输配电线路情况（路径、名称、电压等级）；

⑤ 标出指北针及新增标示的图例。

2）杆塔明细表。应包含以下内容：

① 序号、塔号、塔型及杆高、档距、耐张段长与代表档距、转角度数；

② 接地装置、导线横担、绝缘子、设备、导线防振锤、拉线代号和数量；

③ 档内导线不允许接头、耐张串倒挂及交叉跨越及处理情况等内容；

④ 当地形条件复杂或塔位高程受控（与规划道路同步建设）时应包含塔位里程、桩顶高程、施工基面。

3）平断面定位图。平断面定位图用于大档距、跨越复杂及山区线路等情况，其设计内容和深度要求如下：

① 应绘出最大弧垂的地面线，对一般铁路、公路、通航河流（2级及以上）等重要跨越，还应绘出实际悬点高的最大弧垂线并标注相应气象条件；

② 应标明塔号、塔型、施工基面、塔位高程、杆塔位置、档距、耐张段长度及代表档距；

③ 边线和风偏的断面开方处，应注明开方范围及所开土、石方量；

④ 应标明拆迁的电力线、弱电线、道路等；

⑤ 应说明耐张绝缘子串倒挂情况；

⑥ 与跨越协议有关的一般铁路、公路等重要跨越，应注明跨越处的里程及交叉角度。

平断面定位图计算要求计算对地及交叉跨越距离、风偏净空距离和开方量；并应对杆塔使用条件、K 值、导（地）线悬点应力、直线及悬垂转角塔绝缘子串摇摆角、绝缘子金具串强度、耐张绝缘子串倒挂、悬垂角、导地线上拔内容进行计算校核。

4）架线施工图。应包括连续档导（地、光缆）线架线弧垂安装曲线（表）、孤立档架线表和连续倾斜档线夹安装位置调整表。

应按不同导（地、光缆）线型号、不同安全系数分别绘制导（地、光缆）线架线弧垂安装曲线（表），应分别计算同一气象区下不同安全系数的力学特性和架线弧垂；计算不同温度、不同代表档距下的弧垂和张力（计算温度要考虑降温，从最低气温到最高气温，每隔5～10℃计算一组数据）。

孤立档架线表应包括架线及竣工验收弧垂，还应在安装表上标明允许的过牵引长度及补偿初伸长所考虑的预降温度数。

架空线路路径为山区线路且连续上下山时，应提供连续倾斜档线夹安装位置调整表。连续倾斜档线夹安装位置调整表应计算各档的观测弧垂及每基直线杆（塔）上悬垂线夹安装位置的调整值，计算中采用的应力应考虑塑性伸长的影响。

5）绝缘子及金具串组装图。应包含耐张绝缘子及金具、直线悬垂（或支持）绝缘子、跳线绝缘子（或跳线串）。绝缘子及金具组装图应绘出绝缘子金具串的正视图，多联绝缘子串还应有其他方向视图；注明各元件主要连接尺寸及总尺寸；标明该串材料表，包括元件名称、型号、图号、数量、单位重量、总重量；说明与安装工艺有关的注意事项与特殊要求。

6）柱上变压器台安装图。电气主接线图应标明主接线方式、进出线型号、进线开关、出线开关；材料表应标明设备名称、型号、数量、备注。柱上变压器杆型图应标明杆型、杆高、变压器安装方式、进出线方式；说明防雷接地方式及注意事项；材料表应标明柱上设备、安装附件的名称、型号、材料规格、数量、重量、附注。低压综合配电箱电气图应标明进线单元、出线单元、计量单元；材料表应标明设备名称、型号、数量、备注。低压综合配电箱加工图应绘出低压综合配电箱正、背、侧、俯视安装图及隔室分布图。接地体加工图应绘出接地体正、侧、俯视安装图；材料表应标明接地体名称、型号、数量、重量、备注。

7）柱上开关设备安装图。应包含联络开关、分段开关、负荷隔离开关、隔离开关、断路器。

柱上开关设备安装图应绘出柱上设备的正、侧视布置安装图；注明开关与杆身、支架、引线支持绝缘子件等部件的主要电气及安装尺寸；说明柱上设备的防雷措施，安装工艺及注意事项；材料表应标明柱上设备、安装附件的名称、型号、材料规格、数量、重量、附注。

8）接地装置图。应示例不同的接地装置型式及元件连接方式，其设计深度应满足以下要求：

① 根据不同地形、实测土壤电阻率配置接地装置，并根据塔位周边设施确定敷设方式；

② 标明每种接地装置的各部尺寸、埋深要求、材料规格、数量及土方量，并注明适用的土壤电阻率范围和工频电阻要求值；

③ 注明施工工艺注意事项和具体要求；

④ 采用降阻措施时，应标明技术要求和施工安装方法；

⑤ 对于强腐蚀地段，应采用相应的防腐措施。

9）导（地、光缆）线防振锤安装图。应标明各个防振锤安装距离。采用特殊型式的防振锤时，应说明防振锤的安装方法；采用其他防振方案时，应绘制相应的安装图和说明。

10）杆塔施工图。

① 混凝土电杆施工图应包括电杆组装图，包括电杆、横担、绝缘子、金具串、拉线、杆上设备安装的正、侧视单线图、主要尺寸、材料编号、材料表。其中，材料表应包括材料名称、规格、单位、数量、铁附件加工图号、附注电杆的适用条件。铁附件加工图应包含附件结构正、侧、俯视图，材料名称、规格、尺寸、单位、数量、重量，加工工艺及注意事项。

② 铁塔、钢管杆施工图应包括总图，包括杆塔单线图、主要尺寸、分段编号、材料汇总表及说明。材料汇总表应包括材料类别、材质、

规格、数量。在总图中标注转角塔的转角方向。分段结构图应绘出单线控制尺寸图、正侧面展开图、隔面俯视图、复杂节点的大样图、接头断面图以及本段与相应段的连接方式。明细表包括构件的编号、规格、长度、数量、重量，还应包括螺栓、脚钉、垫圈的级别、规格、符号、数量及重量和备注栏。采用特殊钢种的部件，应醒目标示所用钢种的代号。根据施工、运行检修的需要预留安装孔。在分段结构图中需标明脚钉布置示意图。

11）铁塔、钢管杆基础施工图。

① 基础明细表应包括编号、杆号、塔型及呼高、转角度数、基础型式、定位高差（降升基面值）、长短腿配置等。线路简单时，相关内容可列入杆塔明细表中体现。

② 基础施工图应包括基础平面布置图，基础平、立、剖面及配筋图、外形尺寸，埋置深度，材料表和必要的施工说明。对于不同的基础型式，应根据各自特点增加详图，例如：对于预制基础增加铁件制造图；现浇基础增加地脚螺栓或插入角钢定位尺寸图；桩基础增加承台详图及桩与承台的连接构造详图、地脚螺栓或插入角钢定位尺寸，锚固件加工图。护坡、排水沟等防护设施施工图应包括平、立、剖面图，配筋图，外形尺寸，埋置深度，材料表等，必要时增加施工说明。特殊塔位应单独出图。

③ 铁塔基础根开表应包括基础根开、地脚螺栓间距和规格等参数。

④ 基础施工说明应包括沿线地形地貌、水文、地质概况，基础型式种类和采用新技术的基础型式特点及要求，基础材料种类及等级，基面开方和放坡要求，基础内外边坡要求，基础开挖和回填要求，基础浇注与养护要求，不良地质条件地段的地基和基础处理措施，基础防护措施、处理方案，基础工程验收标准，基础施工和运行注意事项等。

⑤ 主要设备材料表应包括名称、规格、数量、单位等栏目，并说明是否包括备品备件，以及是否计入设备材料损耗等。线路本体部分设备应包含导（地）线类、杆塔类、拉线类、绝缘子类、金具类、基础类、柱上变

压器及开关设备类、自动化和通信类设备等。

【示例】

如图 3-20 所示，该 10kV 电缆线路路径图所示为某工程施工阶段电缆线路路径图，请仅针对施工阶段电缆线路路径图的深度规定要求，指出图中需完善的内容。

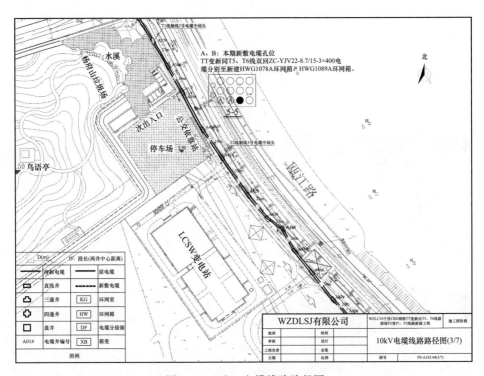

图 3-20　10kV 电缆线路路径图

解析：根据深度规定要求，施工图阶段电缆线路路径图图纸中应标示图纸分幅编号，各分幅图纸边缘衔接标志。图纸比例宜取 1：500 或 1：1000，标明电缆（光缆）线路走向、电缆（光缆）接头在工作井内编号和接头里程、电缆（光缆）在敷设断面的布置形式及位置、电缆电压等级型号、标明电缆工井所在位置及里程。附指北针、图例，标明电缆工井所在位置及里程。

参考答案：如图 3-21 所示，①增加各分幅图纸边缘衔接标志，②应增加图纸比例，③增加电缆各分段长度。

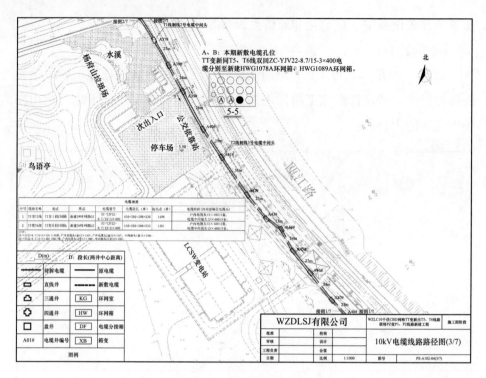

图 3-21　10kV电缆线路路径图（参考）

项目四

配电网工程典型及差异化设计

》【项目描述】

配电网具有建设规模大、点多、面广、设备种类繁多、分布范围广、地域差异大、形式多样等特点。编制配电网典型设计的目的是：统一建设标准，统一设备规范；方便运行维护，方便设备招标；提高工作效率，降低建设和运行成本；发挥规模优势，提高整体效益。

本项目以《国家电网公司配电网工程典型设计》为依据，介绍配电站房、10kV 电缆部分、10kV 架空线路部分、10kV 配电变台部分典型设计，配电网抗台抗灾差异化设计及不停电作业线路设计。

任务一　配电站房部分典型设计

》【任务描述】

本任务主要讲解配电站房典型设计内容，《国家电网公司配电网工程典型设计　10kV 配电站房分册》的设计对象为国家电网公司系统内 10kV 开关站、10kV 环网室、10kV 环网箱、10kV 配电室、10kV 预装式变电站。

》【知识描述】

一、设计对象和设计原则

10kV 配电站房的设计对象包括国家电网公司系统内 10kV 开关站、10kV 环网室、10kV 环网箱、10kV 配电室、10kV 预装式变电站五个部分，按无人值守的原则进行设计。

二、设计范围

设计范围包括各方案内部的电气设备，平面布置及土建基础结构；与各个方案相关的照明、防火、通风、防洪、防潮、防尘、防毒、防小动物和低噪声等设施。对于系统继电保护专业、配电自动化专业，提出可选配置原则，在实际工程中需要根据系统情况具体设计。

三、设计深度

设计深度是指电气一次专业施工图深度，电气二次专业、土建专业初步设计深度。

电气一次专业主要体现在 10kV 系统配置图、电气平面布置图、电气断面图、接地装置布置图；电气二次专业主要体现在交直流回路图、电压电流及控制信号回路图等；土建专业主要体现在建筑立体平面及剖面图、设备基础平面图、照明布置图等。

四、10kV 开关站典型设计技术方案组合

国家电网公司 10kV 开关站典型设计共 1 个方案，技术方案组合见表 4-1，10kV 系统配置图、电气平面布置图如图 4-1～图 4-5 所示。

表 4-1　　　　　　　　　　10kV 开关站典型设计技术方案组合

方案	电气主接线	10kV 进出线回路数	设备选型
KB—1	单母线分段（两个独立单母线）	2 进（4 进），6～12 回出线	金属铠装移开式或气体绝缘金属封闭式

五、10kV 环网室典型设计技术方案组合

国家电网公司 10kV 环网室典型设计共 2 个方案，技术方案组合见表 4-2，10kV 系统配置图、电气平面布置图如图 4-6～图 4-10 所示。

六、10kV 环网箱典型设计技术方案组合

国家电网公司 10kV 环网箱典型设计共 1 个方案，技术方案组合见表 4-3，10kV 系统配置图、电气平断面布置图如图 4-11～图 4-12 所示。

七、10kV 配电室典型设计技术方案组合

国家电网公司 10kV 配电室典型设计共 5 个方案，技术方案组合见表 4-4，电气主接线图、10kV 系统配置图、0.4kV 系统配置图、电气平断面布置图如图 4-13～图 4-33 所示。

主母线(1250A)	10kV I段母线(TMY-80×10)					双拼3×400铜芯电缆		10kV II段母线(TMY-80×10)		
KYN□-12型开关柜接线图	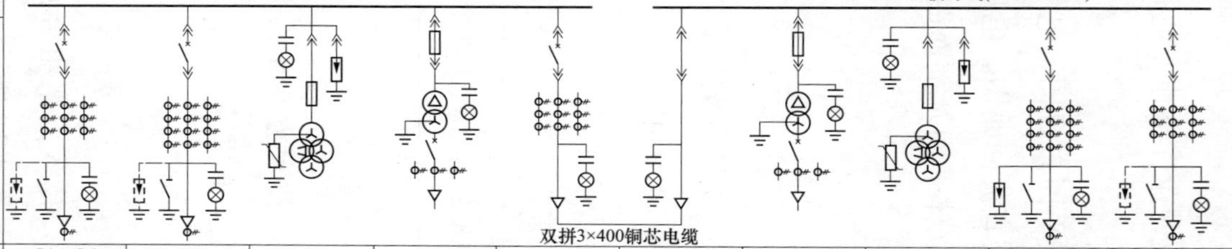									
开关柜编号	G1~G6	G7	G8	G9	G10	G11	G12	G13	G14	G15~G20
开关柜名称	出线柜	I段进线柜	I段母线设备柜	I段站用变	分段柜	分段隔离柜	II段站用变	II段母线设备柜	II段进线柜	出线柜
额定电流(A)	630、1250	630、1250	630、1250	630、1250	630、1250	630、1250	630、1250	630、1250	630、1250	630、1250
额定电压(kV)	12	12	12	12	12	12	12	12	12	12
真空断路器/隔离手车	630A,20kA,1250A,25kA	630A,20kA,1250A,25kA	630A,20kA,1250A,25kA		630A,20kA,1250A,25kA		630A,20kA,1250A,25kA		630A,20kA,1250A,25kA	630A,20kA,1250A,25kA
接地开关JN15-12	1组	1组	1组			1组			1组	1组
站用变熔断器；低压侧塑壳断路器				12/3.15,0.4/63			12/3.15,0.4/63			
电压互感器熔断器			10/1A					10/1A		
电压互感器0.2/0.5/3P (20/20/100VA)			$10[\frac{0.1}{\sqrt{3}},\frac{0.1}{\sqrt{3}},\frac{0.1}{3}]$kV					$10[\frac{0.1}{\sqrt{3}},\frac{0.1}{\sqrt{3}},\frac{0.1}{3}]$kV		
电流互感器0.2S/0.5/5P20/5P20	300/5A	600/5A			600/5A				600/5A	300/5A
零序电流互感器10P10	100/5A	100/5A							100/5A	100/5A
避雷器 YH5WZ-17/45	1组	1组	1组		1组	1组		1组	1组	1组
带电显示器	1组	1组	1组	1组	1组	1组	1组	1组	1组	1组
电操机构	1副	1副			1副				1副	1副
微机保护测控装置	1套	1套			1套				1套	1套
干式变压器				SC10-30kVA Dyn11 10.5±5%/0.4kV			SC10-30kVA Dyn11 10.5±5%/0.4kV			
数显表	1只	1只	1只	1只	1只	1只	1只	1只	1只	1只
消谐器LXQ-10			1组					1组		
柜体尺寸(宽×深×高)mm	800×1500×2260	800×1500×2260	800×1500×2260	800×1500×2260	800×1500×2260	800×1500×2260	800×1500×2260	800×1500×2260	800×1500×2260	800×1500×2260

图4-1 10kV系统配置图（金属铠装移开式开关柜，2进线）

说明：
1. 10kV开关柜依先采用金属铠装移开式开关柜，应具备五防闭锁功能，外壳防护等级不低于IP41。
2. 柜内开关配电动操动机构，辅助触点另增6对动断、动合触点，动作电源DC220V。
3. 柜内电流互感器一次电流应根据工程的实际需求配置，二次电流可根据实际需求选配。
4. 出线柜避雷器可根据工程情况选配。
5. 线路带电应采用分段隔离接地开关。
6. 分段开关与分段隔离柜应具有带电强制闭锁功能。
7. 对于不允许合环操作的场所，进线开关与分段开关应采取电气闭锁或机械闭锁措施。
8. 电压互感器容量、变比、熔断器间建议优先采用电缆，可采用母线电缆，可根据工程实际选用。
9. 分列布置的两端母线应根据工程实际配置。
10. 进线柜与线路柜有避雷器，10kV开关柜内可配置含温度测量等功能的在线监测装置。
11. 对A、A类地区，进线柜、出线柜，分段柜在二次室预留计量安装位置。
12. 开关站进线柜，出线柜、分段柜在二次室预留计量装置安装位置。

10kV II段母线监测需求可采用V-V接线。
出线柜无相电压监测且无相电压监测系统，采接地系统消弧线圈接地系统，本方案电缆进线参考，具体需与实际进线电缆截面一致。
采用双拼3×400铜芯电缆，具体需与实际进线电缆截面一致。

主母线(1250A) KYN□-12型开关柜接线图

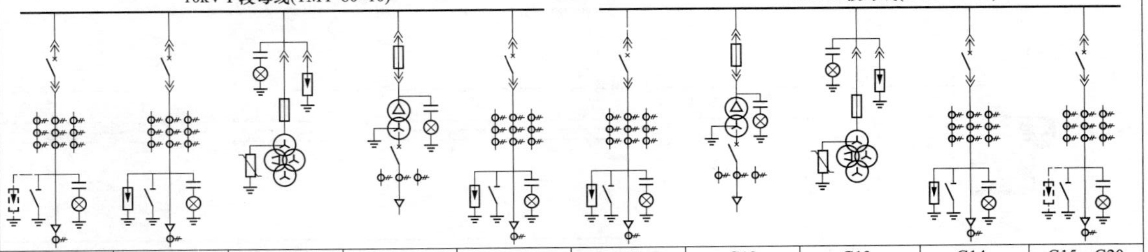

开关柜编号	G1~G6	G7	G8	G9	G10	G11	G12	G13	G14	G15~G20
	10kV I 段母线(TMY-80×10)					10kV II 段母线(TMY-80×10)				
开关柜名称	出线柜	I段进线柜1	I段母线设备柜1	I段站用变柜	I段进线柜2	II段进线柜2	II段站用变柜	II段母线设备柜	II段进线柜1	出线柜
额定电流(A)	630、1250	630、1250	630、1250	630、1250	630、1250	630、1250	630、1250	630、1250	630、1250	630、1250
额定电压(kV)	12	12	12	12	12	12	12	12	12	12
真空断路器；隔离手车	630A,20kA,25kA、1250A,25kA、630A,20kA,25kA、1250A,25kA									
接地开关 JN15-12	1组	1组						1组	1组	1组
站用变熔断器；低压侧塑壳断路器				12/3.15:0.4/63			12/3.15:0.4/63			
压变熔断器			10/1A					10/1A		
电压互感器 0.2/0.5/3P (20/20/100VA)			$\dfrac{10}{\sqrt{3}},\dfrac{0.1}{\sqrt{3}},\dfrac{0.1}{\sqrt{3}}\ 3$ kV					$\dfrac{10}{\sqrt{3}},\dfrac{0.1}{\sqrt{3}},\dfrac{0.1}{\sqrt{3}}\ 3$ kV		
电流互感器 0.2S/0.5/5P20/5P20	300/5A	600/5A			600/5A	600/5A			600/5A	300/5A
零序电流互感器 10P10	100/5A	100/5A			100/5A	100/5A			100/5A	100/5A
避雷器 YH5WZ-17/45	1组	1组	1组	1组	1组	1组		1组	1组	1组
带电显示器	1组	1组	1组	1组	1组	1组		1组	1组	1组
电梯机构	1副	1副			1副	1副			1副	1副
微机保护测控装置	1套	1套			1套	1套			1套	1套
干式变压器				SC10-30kVA Dyn 1110.5±5%/0.4kV			SC10-30kVA Dyn 1110.5±5%/0.4kV			
数显表 LXQ-10	1只	1只	1只	1只	1只	1只	1只	1只	1只	1只
			1组	1组			1组	1组		
柜体尺寸（宽×深×高）mm	800×1500×2260	800×1500×2260	800×1500×2260	800×1500×2260	800×1500×2260	800×1500×2260	800×1500×2260	800×1500×2260	800×1500×2260	800×1500×2260

图 4-2 10kV系统配置图（金属铠装移开式开关柜，4进线）

说明：
1. 10kV开关柜优先采用金属铠装移开式开关柜。
2. 柜内开关柜配电动操动机构，外壳防护等级不低于IP41。
3. 柜内电流互感器（另增6对闭锁点）、辅助触点配置，应根据具体工程情况选配。
4. 出线柜接闪器应就地接地开关。
5. 线路带电显示器一次根据工程需要选配。
6. 电压互感器容量、变比、熔断器一次根据工程实际需要选配。
7. 进线电流互感器一次根据工程的实际电流需求配置，二次电流可选配5A或1A。
8. 对A、B、C类供区，10kV开关柜内配置具备测量功能的在线监测装置。
9. 开关站进线柜、出线柜二次室预留计量装置安装位置。

75

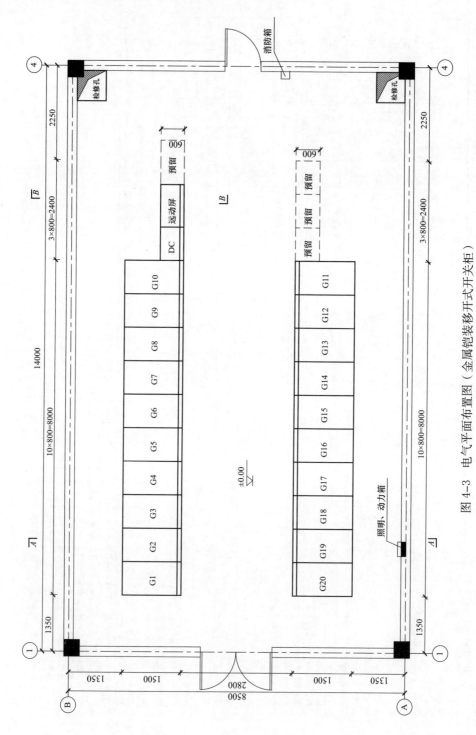

图 4-3 电气平面布置图（金属铠装移开式开关柜）

主母线(1250A) 10kV开关柜接线图	I段										II段							
开关柜编号	G1	G2	G3	G4	G5	G6	G7	G8	G9	G10	G11	G12	G13	G14	G15	G16	G17	G18
开关柜名称	出线1	出线2	出线3	出线4	出线5	I段电源设备柜	I段母线设备柜压变出线	进线1	分段开关	分段隔离	进线2	出线6	段母线设备柜	出线8	出线9	出线10	出线11	出线12
额定电流(A)	1250A	1250A	1250A	1250A	1250A	1250A	1250A	1250A	1250A	1250A	1250A	1250A	1250A	1250A	1250A	1250A	1250A	1250A
额定电压(kV)	12	12	12	12	12	12	12	12	12	12	12	12	12	12	12	12	12	12
三位置开关	1	1	1	1	1	1	1	1	1	1	1	1	1	1	1	1	1	1
真空断路器	1250A,25kA	1250A,25kA	1250A,25kA	1250A,25kA	1250A,25kA		1250A,25kA	1250A,25kA	1250A,25kA		1250A,25kA	1250A,25kA		1250A,25kA	1250A,25kA	1250A,25kA	1250A,25kA	1250A,25kA
压变熔断器						2A							2A					
电压互感器0.5/3P						$\frac{10}{\sqrt{3}}/\frac{0.1}{\sqrt{3}}/\frac{0.1}{3}$							$\frac{10}{\sqrt{3}}/\frac{0.1}{\sqrt{3}}/\frac{0.1}{3}$					
电流互感器0.2S/0.5/5P20	400/5	400/5	400/5	400/5	400/5		400/5	600/5	600/5		600/5	400/5		400/5	400/5	400/5	400/5	400/5
零序电流互感器10P10	100/5	100/5	100/5	100/5	100/5		100/5	100/5			100/5	100/5		100/5	100/5	100/5	100/5	100/5
避雷器 YH5WZ-17/45						有							有					
带电显示器	有	有	有	有	有		有	有	有	有	有	有		有	有	有	有	有
SF压力显示器	有	有	有	有	有		有	有	有	有	有	有		有	有	有	有	有
柜体尺寸(宽×深×高)mm	600×1225×2250	600×1225×2250	600×1225×2250	600×1225×2250	600×1225×2250	600×1225×2250	600×1225×2250	600×1225×2250	600×1225×2250	600×1225×2250	600×1225×2250	600×1225×2250	600×1225×2250	600×1225×2250	600×1225×2250	600×1225×2250	600×1225×2250	600×1225×2250

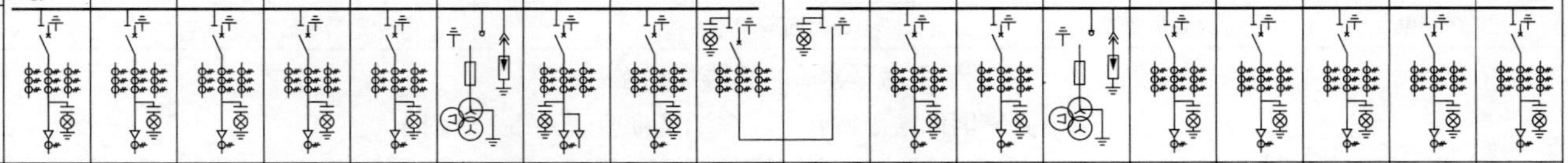

说明：
1、10kV开关柜采用气体绝缘金属封闭开关柜，整体外壳防护等级达到IP4以上，气室防护等级在IP65以上。
2、柜内开关柜电动操作机构，辅助触点(另增时)动合触点，动配网自动化需求。
3、柜内电流互感器一次电流应根据工程具体实际情况配置，二次电流可选配5A或1A。
4、本方案采用单母线分段，母排连接。
5、站用变压器按配置2台，若有双尾闭进线备用电源，站用变压器可与电缆出线并色。

图4—4　10kV系统配置图（气体绝缘金属封闭式开关柜）

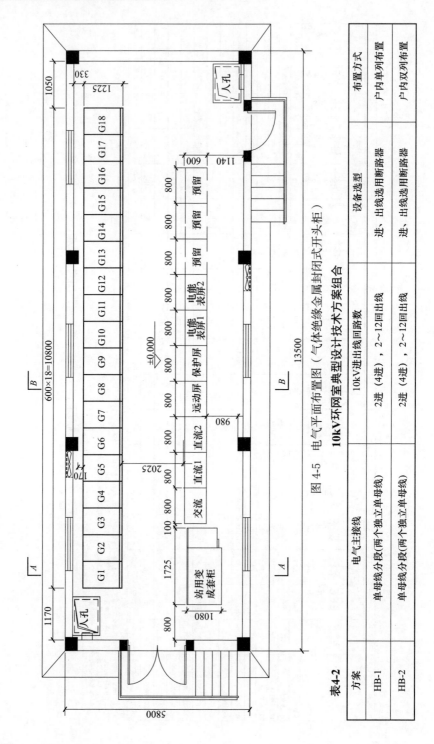

图 4-5 电气平面布置图（气体绝缘金属封闭式开关柜）

10kV环网室典型设计技术方案组合

表4-2

方案	电气主接线	10kV进出线出线回路数	设备选型	布置方式
HB-1	单母线分段(两个独立单母线)	2进（4进），2~12回出线	进、出线选用断路器	户内单列布置
HB-2	单母线分段(两个独立单母线)	2进（4进），2~12回出线	进、出线选用断路器	户内双列布置

一次主接线	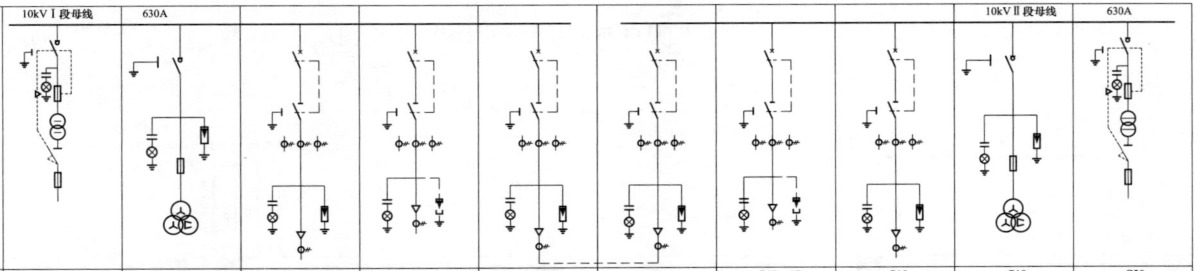 10kV I段母线 630A								10kV II段母线	630A
开关柜编号	G1	G2	G3	G4~9	G10	G11	G12~17	G18	G19	G20
开关柜名称	I段用变柜	电压互感器1	进线柜	出线柜1~6	分段柜1	分段柜2	出线柜7~12	进线柜2	电压互感器2	II段用变柜
额定电流(A)	630	630	630	630	630	630	630	630	630	630
额定电压(kV)	12	12	12	12	12	12	12	12	12	12
负荷开关	630A,20kA	630A,20kA	630A,20kA	630A,20kA	630A,20kA	630A,20kA	630A,20kA	630A,20kA	630A,20kA	630A,20kA
断路器										
隔离/接地开关										
熔断器	10/2A,0.22/63A									10/2A,0.22/63A
电压互感器0.5(3P)		$1A$ $\frac{10}{\sqrt{3}}/\frac{0.1}{\sqrt{3}}/\frac{0.22}{3}$ 3 kV							$\frac{10}{\sqrt{3}}/\frac{0.1}{\sqrt{3}}/\frac{0.22}{3}$ 3 kV $1A$	
电流互感器0.5(5P10)			600/1	300/1	600/1	600/1	300/1	600/1		
零序电流互感器0.5(5P10)			20/1	20/1	20/1	20/1	20/1	20/1		
带电显示器		1组	1组	1组	1组	1组	1组	1组	1组	
避雷器 YH5WZ-17/45	1组	1组							1组	1组
电缆故障指示器			1套	1套	1套	1套	1套	1套		
电操机构										
干式变压器	10/0.22kV/15kVA									10/0.22kV/15kVA
数显表	1只	1只	1只	1只	1只	1只	1只	1只	1只	1只
柜体尺寸(宽×深×高, mm)	750×750×1950	600×750×1950	420×750×1950	420×750×1950	420×750×1950	420×750×1950	420×750×1950	420×750×1950	420×750×1950	750×750×1950
气体压力表										

说明：1.本方案开关柜型选用SF₆气体绝缘开关柜、空气绝缘开关柜（分体式）框型。开关柜采用中置式、动合触点、站所终端集中式。
2.本方案选用独立单元式（分体式）框型。
3.柜内开关配电动操动机构，辅助触点（另增6对动断），满足配电网自动化要求。
4.柜内电流互感器一次电流应根据具体工程实际情况选配，二次电缆线径按需配置。
5.出线避雷器、故障指示器面应根据具体工程情况选配。
6.对于不允许合环操作的场所，进线柜与分段开关柜应需配置。
7.电缆带电应闭锁接地开关。
8.电压互感器容量、变压、熔断器容量及电流可按需配置。进线柜与分段用变可联用电压互感器柜。
9.站用电、照明系统优先取10kV或用变低压侧，也可就近取自系统0.4kV电源，不具备条件时电可由电气或站用自电压互感器柜。

图 4-6　HB-1方案10kV系统配置图

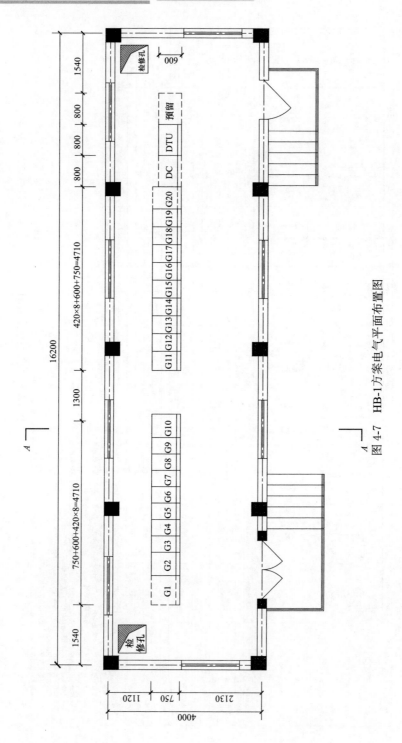

图 4-7 HB-1 方案电气平面布置图

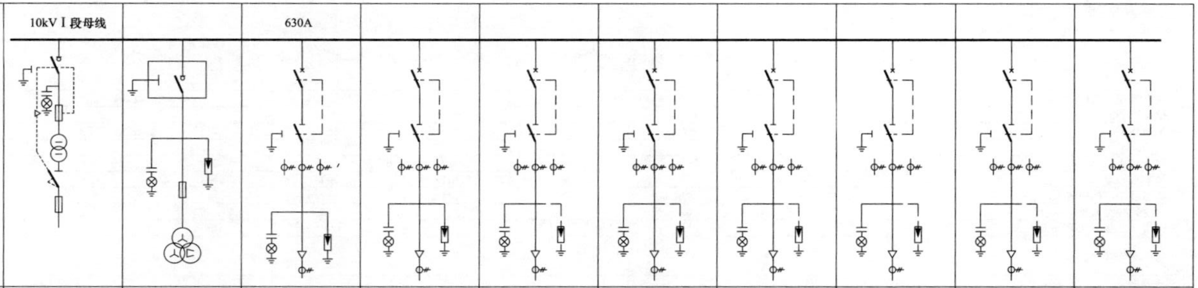

开关柜编号	G1	G2	G3	G4	G5	G6	G7	G8	G9	G10
一次主接线	(10kV I段母线)		630A							
开关柜名称	I段备用变柜	电压互感器柜	进线柜1	进线柜2	出线柜1	出线柜2	出线柜3	出线柜4	出线柜5	出线柜6
额定电流(A)	630	630	630	630	630	630	630	630	630	630
额定电压(kV)	12	12	12	12	12	12	12	12	12	12
负荷开关	630A,20kA	630A,20kA								
断路器			630A,20kA	630A,20kA	630A,20kA	630A,20kA	630A,20kA	630A,20kA	630A,20kA	630A,20kA
隔离(接地)开关			1组	1组	1组	1组	1组	1组	1组	1组
熔断器	10/2A,0.22/63A	1A								
电压互感器0.5(3P)		$10/\sqrt{3}\,/\,0.1/\sqrt{3}\,/\,0.22/\sqrt{3}\,/\,0.1/3$ kV								
电流互感器0.5(5P10)			600/1	600/1	300/1	300/1	300/1	300/1	300/1	300/1
零序电流互感器0.5(5P10)			20/1	20/1	20/1	20/1	20/1	20/1	20/1	20/1
避雷器 YH5WZ-17/45		1组	1组	1组	1组	1组	1组	1组	1组	1组
带电显示器		1组	1组	1组	1组	1组	1组	1组	1组	1组
电操机构			1套	1套	1套	1套	1套	1套	1套	1套
干式变压器	10/0.22kV,15kVA									
数显仪表		1只	1只	1只	1只	1只	1只	1只	1只	1只
气体压力表		1只	1只	1只	1只	1只	1只	1只	1只	1只
柜体尺寸(宽×深×高)mm	750×750×1950	600×640×1492	1052×640×1492	1052×640×1492	1052×640×1492	1052×640×1492	1052×640×1492	1052×640×1492	1052×640×1492	1052×640×1492

图4-8　HB-2方案10kV系统配置图（1）

说明：1.本方案柜型选用SF$_6$气体绝缘开关柜（体绝缘开关柜），站所终端采用集中式，开关柜的防护等级不低于IP41。
2.本方案选用网单元（共箱式）组合柜型。
3.柜内开关配电动操动机构，辅助触点（另增6对动断、动合触点），满足配网自动化要求。
4.柜内电流互感器的配置，一次电流应根据实际需求配置，二次电缆应径按照工程情况选配。
5.出线避雷器、故障指示器可根据工程情况选配。6.对于不允许合环操作的场所，进线柜与分段开关应采取电气或机械闭锁措施。
7.出线柜电应闭锁接地开关。
8.电压互感器台数容量、变压器、熔断器台数可流可按需配置。
9.站用电、照明系统优先取自系统0.4kV电源，也可就近取自用变低压侧，不具备条件时也可取自电压互感器柜。

81

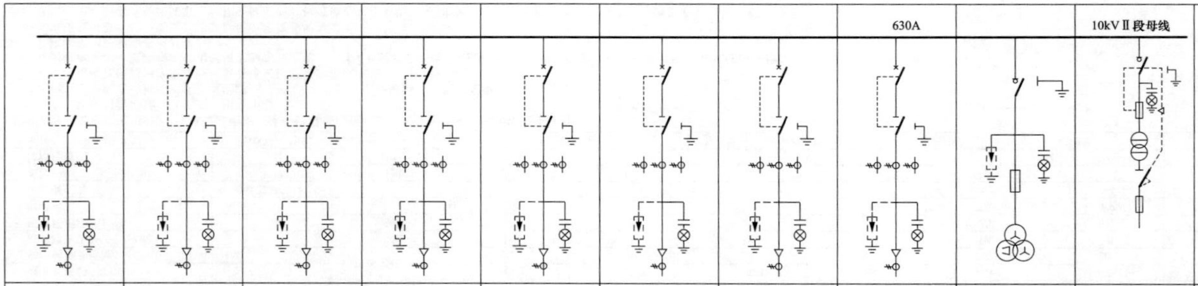

一次主接线	10kV II段母线		630A							
开关柜编号	G20	G19	G18	G17	G16	G15	G14	G13	G12	G11
开关柜名称	II段站用变柜	电压互感器柜2	进线柜4	进线柜3	出线柜12	出线柜11	出线柜10	出线柜9	出线柜8	出线柜7
额定电流(A)	630	630	630	630	630	630	630	630	630	630
额定电压(kV)	12	12	12	12	12	12	12	12	12	12
负荷开关	630A,20kA	630A,20kA								
断路器			630A,20kA	630A,20kA	630A,20kA	630A,20kA	630A,20kA	630A,20kA	630A,20kA	630A,20kA
隔离/接地开关			1组	1组	1组	1组	1组	1组	1组	1组
熔断器	10/2A,0.22/63A	1A								
电流互感器0.5(3P)			600/1	600/1	300/1	300/1	300/1	300/1	300/1	300/1
电压互感器0.5(5P10)		$10/\frac{0.1}{\sqrt{3}}/\frac{0.22}{\sqrt{3}}/\frac{0.1}{\sqrt{3}}$ kV								
零序电流互感器0.5(5P10)			20/1	20/1	20/1	20/1	20/1	20/1	20/1	20/1
YH5WZ-17/45避雷器		1组	1组	1组	1组	1组	1组	1组	1组	1组
带电显示器		1组	1套	1套	1套	1套	1套	1套	1套	1套
电操机构			1组	1组	1组	1组	1组	1组	1组	1组
干变温度表	10/0.22kV,15VA									
数显表	1只	1只	1只	1只	1只	1只	1只	1只	1只	1只
气体压力表										
柜体尺寸(宽×深×高)mm	750×750×1950	600×640×1492	1052×640×1492	1052×640×1492	1052×640×1492	1052×640×1492	1052×640×1492	1052×640×1492	1052×640×1492	1052×640×1492

图 4-9　HB-2方案10kV系统配置图（2）

82

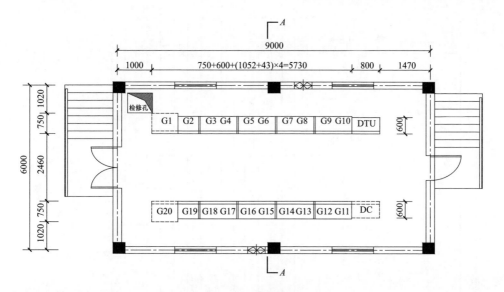

图 4-10　电气平面布置图

分散式 DTU

表 4-3　　　　　　　　　10kV 环网箱典型设计技术方案组合

方案	电气主接线	10kV 进出线回路数	设备类型	配电自动化
HA—1	单母线	2 回进线，2 回（4 回）出线	进、出线选用断路器	集中型和分散型

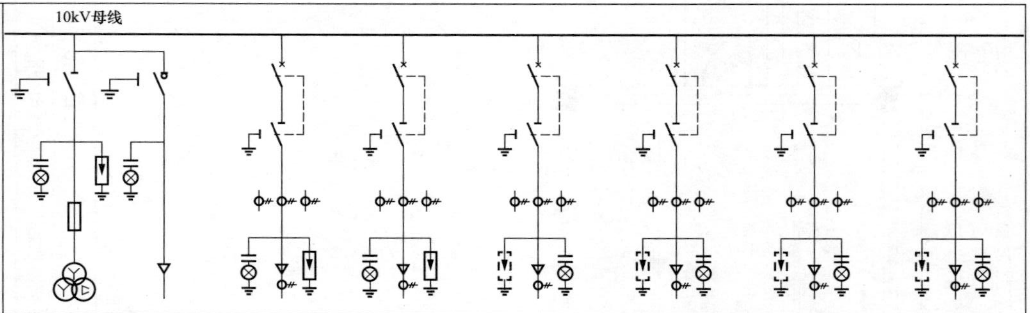

开关柜编号	H1	H2	H3	H4	H5	H6	H7
开关柜名称	TV柜	进线柜1	进线柜2	出线柜1	出线柜2	出线柜3	出线柜4
额定电流(A)	630	630	630	630	630	630	630
额定电压(kV)	12	12	12	12	12	12	12
负荷开关							
断路器	630A,20kA	630A,20kA	630A,20kA	630A,20kA	630A,20kA	630A,20kA	630A,20kA
隔离/接地开关	1组	1组	1组	1组	1组	1组	1组
熔断器	3只(1A)						
电压互感器(全绝缘)0.5/3P	10:√3/0.1:√3/0.22:√3kV 0.5/3/3P 30/30/300VA						
电流互感器0.5(5P10)	20/1	600/1	600/1	300/1	300/1	300/1	300/1
零序电流互感器0.5	1组	20/1	20/1	20/1	20/1	20/1	20/1
避雷器 YN5WZ-17/45	1组			1组	1组	1组	1组
带电显示器	2只	1只	1只	1只	1只	1只	1只
微机保护装置		1台	1台	1台	1台	1台	1台
气体压力表装置				1只/气箱			
故障指示器	1只	1只	1只	1只	1只	1只	1只

图4-11　10kV系统配置图

说明：1.本方案10kV环网柜采用气体绝缘环网柜，环网柜的防护等级不低于IP41，电动操作机构及一次回路密封装置的防护等级不应低于IP55。
2.进线单元柜内开关配用电动操动机构(采用DC48V)。辅助触点6(另)增6对动断、动合触点，二次配电网自动化需求。
3.柜内电流互感器应根据具体工程的实际电流配置，二次电流选用1A。
4.出线避雷器、故障指示器、温度监控制器可根据工程情况选配。
5.线路带电应同时做接地开关。
6.电压互感器应预留备用。变比、熔断器电流可按需配置。
7.气体压力表阀图报点供配电网自动化使用。
8.配套整体10kV预制式电缆终端及相应附件。
9.节点柜10kV接口尺寸：φ52mm(自动快插)。

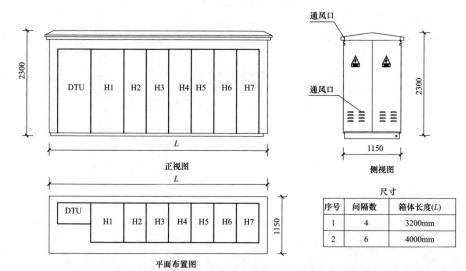

正视图　　　　　　　　　　　　侧视图

平面布置图

尺寸		
序号	间隔数	箱体长度(L)
1	4	3200mm
2	6	4000mm

说明：1. 本方案采用气体绝缘环网柜(共箱式)，以集中式站所终端为例，采用分散式站所终端布置时，DTU柜应更名为公共单元柜，TV间隔和DTU柜给定宽度为600mm，间隔宽度为420mm。箱体尺寸根据《12kV环网柜标准化设计定制方案》绘制。

2. 箱体外壳防护等级不低于IP43，外箱体应采用厚度≥2mm、性能不低于S304不锈钢或GRC材料(玻璃纤维增强水泥)等材料，颜色与所处周围环境相协调，不锈钢材质宜选用国网绿。

3. 箱体外壳要求形成自下而上的空气对流，进风口需设在箱门板下端，并加装可拆卸式的防尘过滤网，顶盖坡度不少于3°排水倾角，排气通道应在外壳檐边下面。

4. 箱体柜门应配置斜加强筋，并设限位拉钩定位装置。门锁为防水防盗型可加挂锁结构。

5. 面板上"国家电网"标识应根据国家电网公司要求比例制作。

图 4-12　电气平断面布置图

环网箱应急电源接口

表 4-4　　　　　　　　　　　**10kV 配电室典型设计技术方案组合**

方案	电气主接线	10kV 进出线回路数	变压器类型	主要设备选择
PB—1	单母线	2 回进线，2 回出线	油浸式 2×630（400、200）kVA	环网柜
PB—2			干式 2×800（1000、630、400）kVA	环网柜
PB—3	单母线分段（两个独立单母线）	2 进（4 进），2~12 回出线	油浸式 2×630（400、200）kVA	环网柜
PB—4			干式 2×800（1000、630、400）kVA	环网柜
PB—5			干式 4×800（1000、630、400）kVA	环网柜

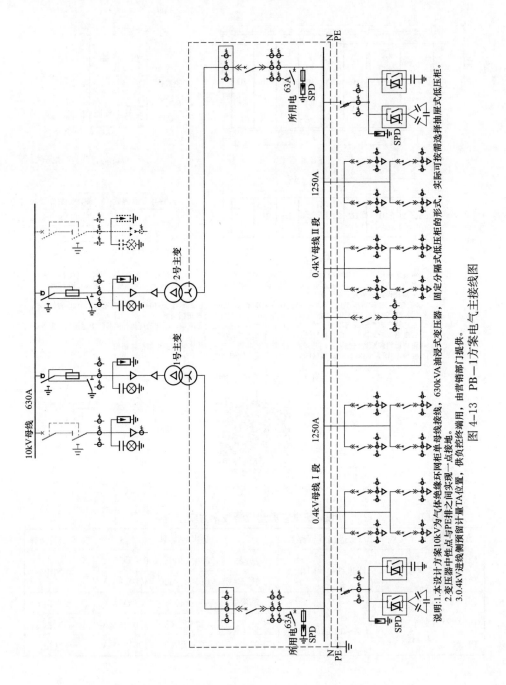

说明：1.本设计方案10kV为气体绝缘环网柜单母线接线，630kVA油浸式变压器，固定分隔式低压柜的形式，实际可按需选择抽屉式低压柜。
2.变压器中性点与PE排之间实现一点接地。
3.0.4kV进线侧预留计量TA位置，供负控终端用，由营销部门提供。

图 4-13 PB-1方案电气主接线图

一次主接线	G1	G2	G3	G4
开关柜编号	G1	G2	G3	G4
开关柜名称	进线柜1	1号变630kVA	2号变630kVA	进线柜2
额定电流(A)	630	630	630	630
额定电压(kV)	12	12	12	12
三位置开关				
负荷开关	630A			630A
断路器	630A,20kA	630A,20kA	630A,20kA	630A,20kA
隔离/接地开关		1组	1组	
熔断器		63A	63A	
电流互感器0.5S(5P10);0.5S	600/1	150/1	150/1	600/1
零序电流互感器17/45kV	100/1			100/1
避雷器17/45kV	1组	1组	1组	1组
带电显示器	1组	1组	1组	1组
电操机构	1副	1副	1副	1副
数显表	1只	1只	1只	1只
加热器	1只	1只	1只	1只
柜体尺寸(宽×深×高)mm	420×750×1950	420×750×1950	420×750×1950	420×750×1950

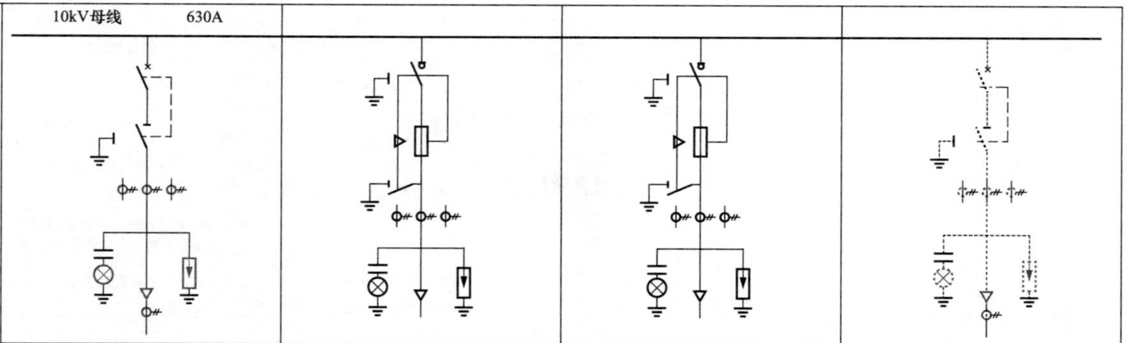

10kV母线 630A

图4-14 PB—1方案10kV系统配置图

说明:1.本方案10kV环网柜选用气体绝缘环网柜，环网柜的防护等级不应低于IP4X，电动操动机构及二次回路封闭装置的防护等级不应低于IP55。

2.柜内开关配电动操动机构，辅助触点（另增6对动触点），动合触点），满足配网自动化要求。

3.柜内电流互感器一次电流应根据实际需决配置，二次电缆应按需配置。

4.出线避雷器、故障指示器可根据具体工程情况选配。

5.进线带电显示器应闭锁接地开关。

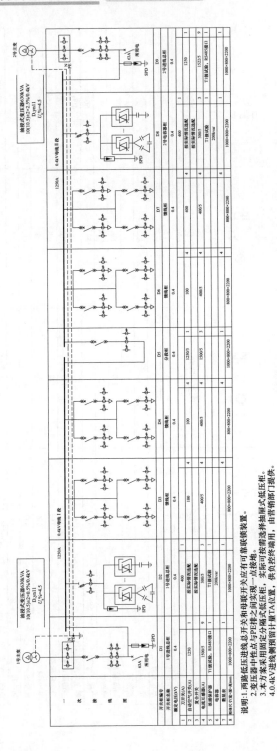

图 4-15　PB—1方案0.4kV系统配置图

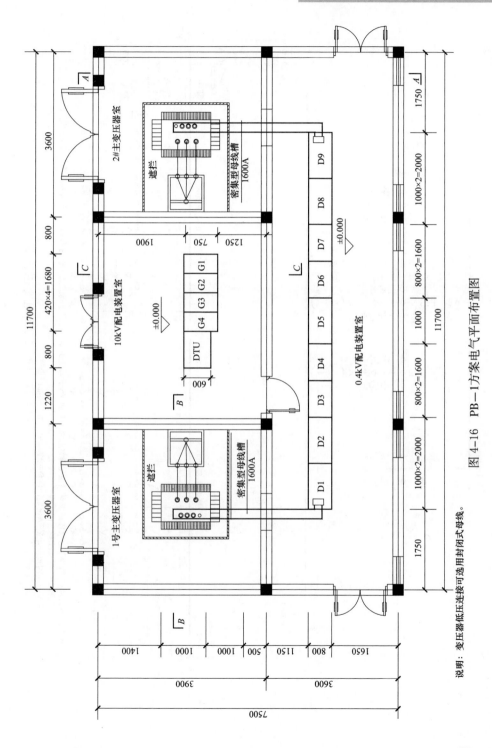

图 4-16 PB-1方案电气平面布置图

说明：变压器低压连接可选用封闭式母线。

89

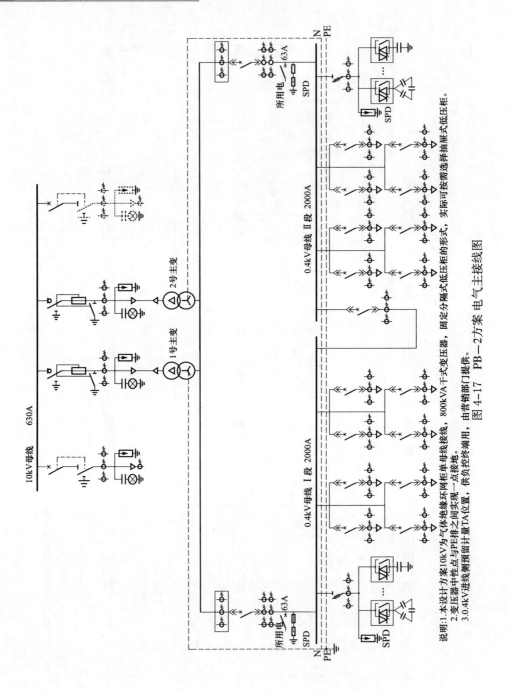

图 4-17 PB-2方案 电气主接线图

说明:1.本设计方案10kV为气体绝缘环网柜单母线接线,固定分隔式低压柜的形式,实际可接需选择抽屉式低压柜。800kVA干式变压器,

2.变压器中性点与PE排之间实现一点接地。

3.0.4kV进线侧预留计量TA位置,供负控终端用,由营销部门提供。

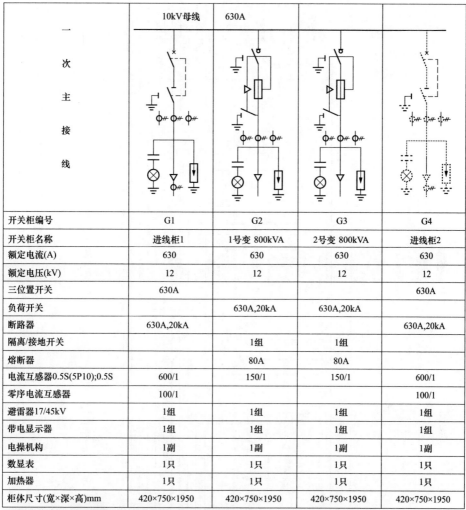

一次主接线	10kV母线	630A		
开关柜编号	G1	G2	G3	G4
开关柜名称	进线柜1	1号变 800kVA	2号变 800kVA	进线柜2
额定电流(A)	630	630	630	630
额定电压(kV)	12	12	12	12
三位置开关	630A			630A
负荷开关		630A,20kA	630A,20kA	
断路器	630A,20kA			630A,20kA
隔离/接地开关		1组	1组	
熔断器		80A	80A	
电流互感器0.5S(5P10);0.5S	600/1	150/1	150/1	600/1
零序电流互感器	100/1			100/1
避雷器17/45kV	1组	1组	1组	1组
带电显示器	1组	1组	1组	1组
电操机构	1副	1副	1副	1副
数显表	1只	1只	1只	1只
加热器	1只	1只	1只	1只
柜体尺寸(宽×深×高)mm	420×750×1950	420×750×1950	420×750×1950	420×750×1950

说明:1.本方案10kV环网柜选用气体绝缘环网柜,环网柜的防护等级不低于IP4X,电动操动机构及二次回路
　　　封闭装置的防护等级不应低于IP55。
　　2.柜内开关配电动操动机构、辅助触点(另增6对动断、动合触点),满足配网自动化要求。
　　3.柜内电流互感器一次电流应根据具体工程的实际需求配置,二次电缆线径按需配置。
　　4.出线避雷器、故障指示器可根据工程情况选配。
　　5.进线带电显示器应闭锁接地开关。
　　6.电压互感器容量、变比、熔断器电流可按需配置。

图 4-18　PB—2方案 10kV 系统配置图

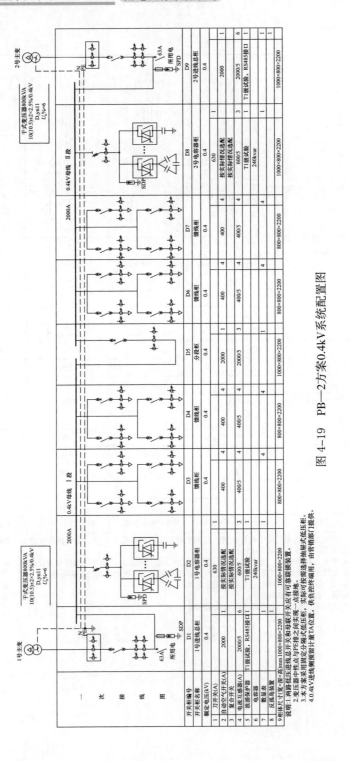

图 4-19 PB—2方案0.4kV系统配置图

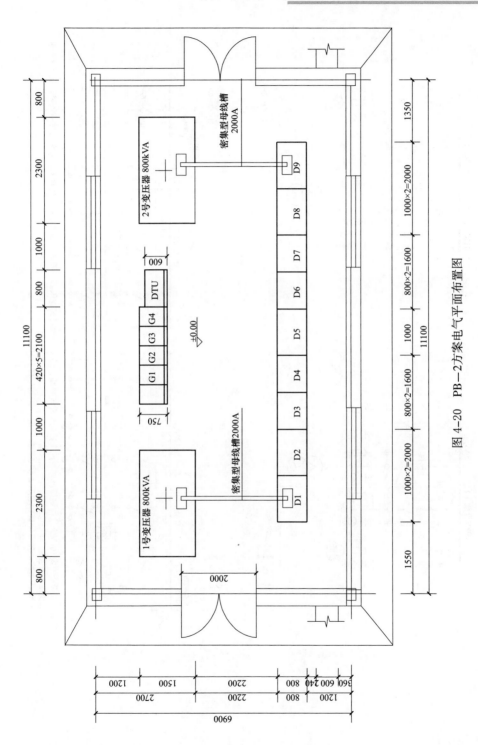

图 4-20 PB-2方案电气平面布置图

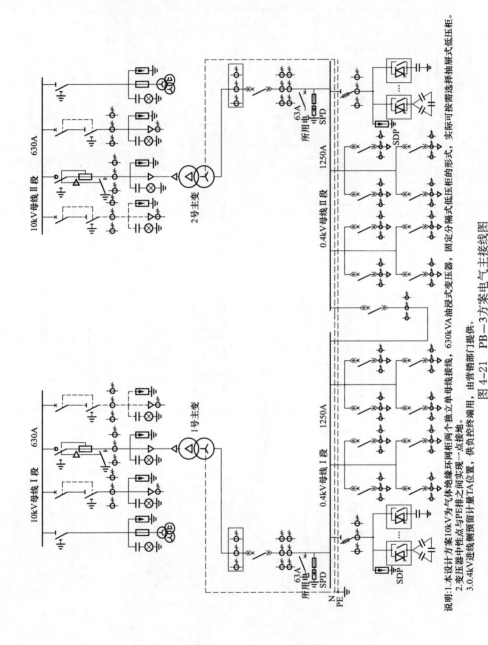

图4-21 PB-3方案电气主接线图

说明：1.本设计方案10kV为气体绝缘环网柜两个独立单母线接线，630kVA油浸式变压器，固定分隔式低压柜的形式，实际可按需选择抽屉式低压柜。
2.变压器中性点与PE排之间实现一点接地。
3.0.4kV进线侧预留计量TA位置，供负控终端用，由营销部门提供。

主母线(630A)	10kA I段母线 630A	630A					10kV II段母线 630A	630A
10kV空气绝缘负荷开关柜接线图	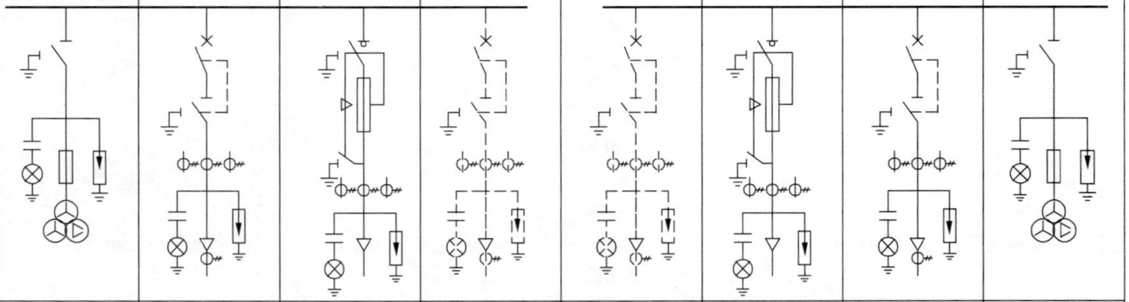							
开关柜编号	G1	G2	G3	G4	G5	G6	G7	G7
开关柜名称	I段电压互感器柜	进线柜1	#1变630VA	馈线柜1	馈线柜2	#2变630VA	进线柜2	II段电压互感器柜
额定电流(A)	630	630	630	630	630	630	630	630
额定电压(kV)	12	12	12	12	12	12	12	12
断路器	630A	630A	630A	630A	630A	630A	630A	630A
隔离/接地开关		630A,20kA	630A,20kA	630A,20kA	630A,20kA	630A,20kA	630A,20kA	
熔断器			63A			63A		
电流互感器0.5(3P)		600/1	150/1	100/1	100/1	150/1	600/1	
电压互感器0.5S(5P10),0.5S	1A	100/1					100/1	1A
零序电流互感器								
避雷器17/45kV	1组	1组	1组	1组	1组	1组	1组	1组
带电显示器	1组	1组	1组	1组	1组	1组	1组	1组
电缆机构	1副	1副	1副	1副	1副	1副	1副	1副
数显表	1只	1只	1只	1只	1只	1只	1只	1只
加热器	1只	1只	1只	1只	1只	1只	1只	1只
柜体尺寸(宽×深×高)mm	600×750×1950	420×750×1950	420×750×1950	420×750×1950	420×750×1950	420×750×1950	420×750×1950	600×750×1950

电压互感器柜（G1、G7 II段）配置：10/√3 / 0.1/√3 / 0.22/√3 / 0.1/3 kV

说明:1.本方案为10kV环网柜选用气体绝缘环网柜，当选用其他电柜型时设备基础尺寸需适当调整。开关柜的防护等级不应低于IP4X，电动操动机构及二次回路封闭机构的防护等级不应低于IP55。

2.柜内开关配电动操动机构（另增6对动断），辅助触点（增设触点，动合触点），满足配网自动化要求。

3.柜内电流互感器一次配置应根据实际需求配置，二次电缆线径按需配置。

4.出线避雷器、带电显示器、故障指示器应根据具体工程情况选配。

5.进线带电显示器应闭锁接地开关。

6.电压互感器容量、变比、熔断器电流可按需配置。

图4-22　PB—3方案10kV系统配置图

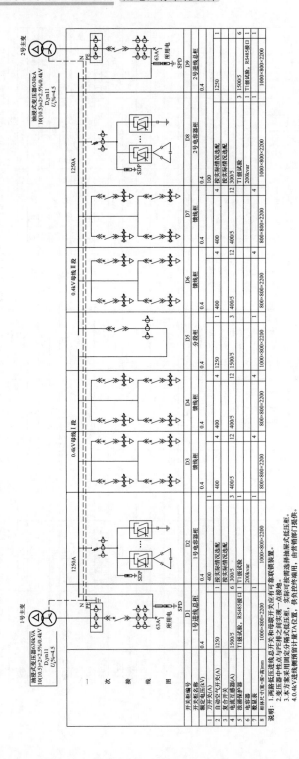

图4-23 PB—3方案0.4kV系统配置图

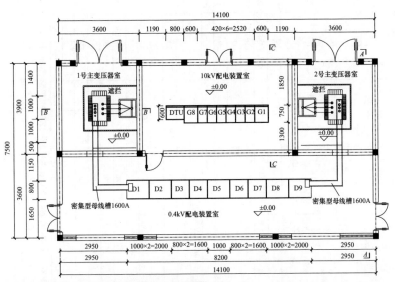

说明：变压器低压连接可选用封闭式母线。

图 4-24 PB—3 方案电气平面布置图

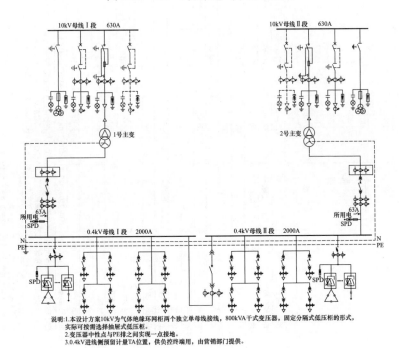

说明:1.本设计方案10kV为气体绝缘环网柜两个独立单母线接线，800kVA干式变压器，固定分隔式低压柜的形式，
实际可按需选择抽屉式低压柜。
2.变压器中性点与PE排之间实现一点接地。
3.0.4kV进线侧预留计量TA位置，供负控终端用，由营销部门提供。

图 4-25 PB—4 方案电气主接线图

一次主接线	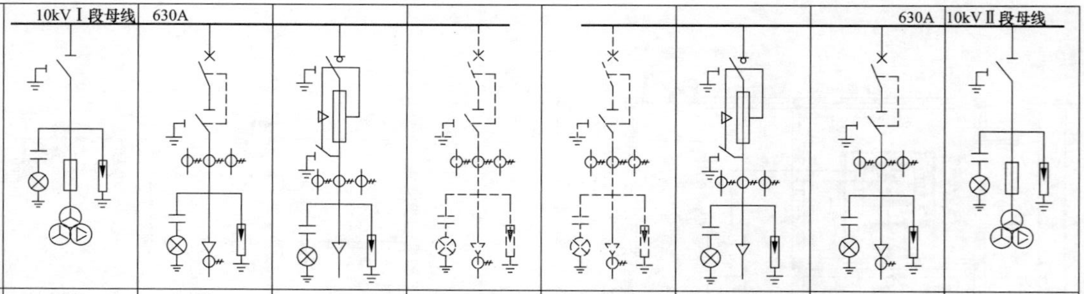 10kV I段母线　630A						10kV II段母线　630A	
开关柜编号	G1	G2	G3	G4	G5	G6	G7	G8
开关柜名称	电压互感器柜1	进线柜1	1号变800kVA	馈线柜1	馈线柜2	1号变800kVA	进线柜2	电压互感器柜2
额定电流(A)	630	630	630	630	630	630	630	630
额定电压(kV)	12	12	12	12	12	12	12	12
	630A	630A		630A	630A		630A	630A
断路器		630A,20kA	630A,20kA	630A,20kA	630A,20kA	630A,20kA	630A,20kA	
隔离/接地开关			1组			1组		
熔断器			80A			80A		
电压互感器0.5(3P)	1A $\frac{10}{\sqrt3}/\frac{0.1}{\sqrt3}/\frac{0.1}{3}$ kV							1A $\frac{10}{\sqrt3}/\frac{0.1}{\sqrt3}/\frac{0.1}{3}$ kV
电流互感器0.5D(5P10)0.5S		600/1	150/1	100/1	100/1	150/1	600/1	
零序电流互感器		100/1	100/1	100/1	100/1	100/1	100/1	
避雷器17/45kV	1组	1组	1组	1组	1组	1组	1组	
带电显示器	1组	1组	1组	1组	1组	1组	1组	
电磁机构	1副	1副	1副	1副	1副	1副	1副	
数显表	1只	1只	1只	1只	1只	1只	1只	1只
加热器	1只	1只	1只	1只	1只	1只	1只	1只
柜体尺寸(宽×深×高)mm	600×750×1950	420×750×1950	420×750×1950	420×750×1950	420×750×1950	420×750×1950	420×750×1950	600×750×1950

说明:1.本方案10kV系统选用气（体）绝缘环网柜，当选用其他类型环网柜时设备基础尺寸需适当调整。环网柜的防护等级不低于IP4X，电动操动机构、电动操动机构及二次回路封闭装置的防护等级不应低于IP55。
2.柜内开关配有电动操动机构，辅助触点（另增6对动断、动合触点）、二次电缆应根据实际工程需求配置，满足配网自动化要求。
3.柜内电流互感器一次电流应根据实际工程情况选配。
4.出线避雷器、故障指示器可根据具体工程情况选配。
5.进线带电显示器应附领接地开关。
6.电压互感器电流可按需配置。

图4-26　PB—4方案10kV系统配置

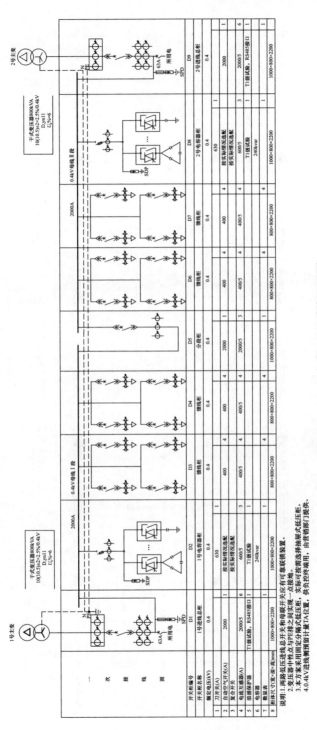

图 4-27 PB—4方案0.4kV系统配置图

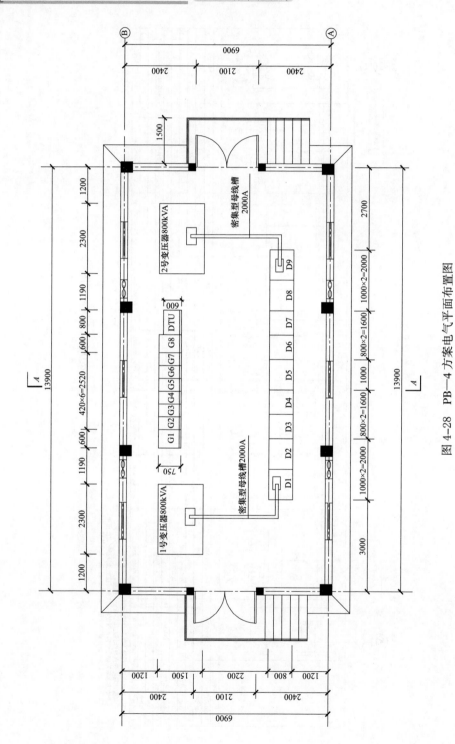

图4-28 PB—4方案电气平面布置图

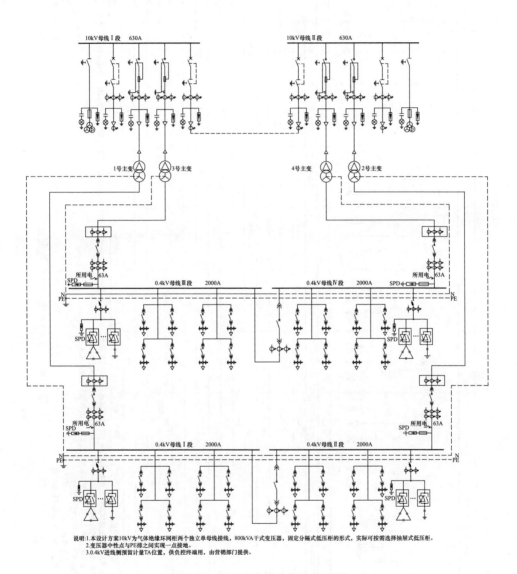

说明:1.本设计方案10kV为气体绝缘环网柜两个独立单母线接线,800kVA干式变压器,固定分隔式低压柜的形式,实际可按需选择抽屉式低压柜。
2.变压器中性点与PE排之间实现一点接地。
3.0.4kV进线侧预留计量TA位置,供负控终端用,由营销部门提供。

图 4-29 PB—5 方案电气主接线图

一次主接线项目	G1	G2	G3	G4	G5	G6	G7	G8	G9	G10
（母线）	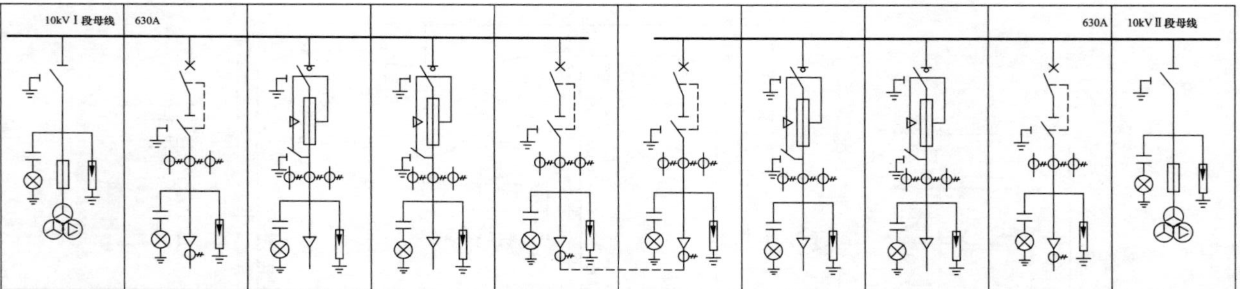 10kV I段母线	630A							630A	10kV II段母线
开关柜编号	G1	G2	G3	G4	G5	G6	G7	G8	G9	G10
开关柜名称	电压互感器柜1	进线柜1	1号变 800kVA	3号变 800kVA	分段柜1	分段柜2	4号变 800kVA	2号变 800kVA	进线柜2	电压互感器柜2
额定电流(A)	630	630	630	630	630	630	630	630	630	630
额定电压(kV)	12	12	12	12	12	12	12	12	12	12
三工位开关	630A	630A	630A	630A	630A	630A	630A	630A	630A	630A
负荷开关										
断路器		630A,20kA	630A,20kA	630A,20kA	630A,20kA	630A,20kA	630A,20kA	630A,20kA	630A,20kA	
隔离/接地开关										
熔断器	1A		80A	80A			80A	80A		1A
电流互感器0.5(3P)	单相电流0.2A RN2开关门3	600/1	150/1	150/1	300/1	300/1	150/1	150/1	600/1	单相电流0.2A RN2开关门3
电流互感器0.5S(5P)10/0.5S		100/1			100/1	100/1			100/1	
零序电流互感器										
避雷器1T/45kV	1组	1组	1组	1组	1组	1组	1组	1组	1组	1组
带电显示器	1组	1组	1组	1组	1组	1组	1组	1组	1组	1组
单操机构	1副	1副	1副	1副	1副	1副	1副	1副	1副	1副
数显表	1只	1只	1只	1只	1只	1只	1只	1只	1只	1只
加热器	1只	1只	1只	1只	1只	1只	1只	1只	1只	1只
柜体尺寸(宽×深×高)mm	600×750×1950	420×750×1950	420×750×1950	420×750×1950	420×750×1950	420×750×1950	420×750×1950	420×750×1950	420×750×1950	600×750×1950

图4-30　PB—5方案10kV系统配置图

说明:1.本方案10kV环箱选用气体绝缘环网柜,当选用其他柜型时设备基础尺寸需适当调整,开关柜的防护等级不应低于IP4X,电动操动机构及二次回路自动装置的防护等级不应低于IP55。
2.柜内配电动操动机构,辅助触点(另增6对动断点、动合触点),满足配网自动化要求。
3.柜内开关电流互感器一次电流应根据实际需求决定配置,二次电缆线径应按需配置。
4.出线避雷器、故障指示器可根据工程情况选配。
5.进线带电显示器闭锁接地开关。
6.电压互感器带电流、变比、熔断器电流可按需配置。

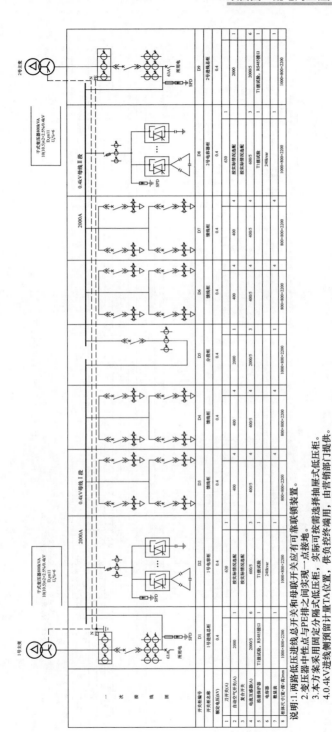

图 4-31 PB—5方案0.4kV系统配置图（1）

说明：1.两路低压进线总开关和母联开关应有可靠联锁装置。
2.变压器中性点与PE排之间实现一点接地。
3.本方案采用固定分隔式低压柜，实际可按需选择抽屉式低压柜。
4.0.4kV进线侧预留计量TA位置，供负荷终端用，由营销部门提供。

103

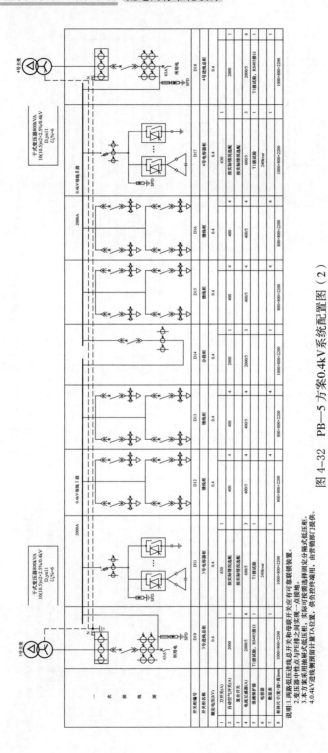

图 4-32 PB-5 方案 0.4kV 系统配置图（2）

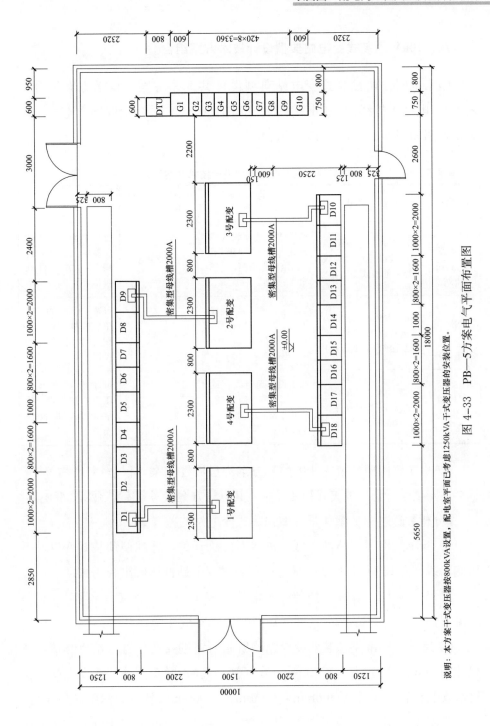

图 4-33 PB-5方案电气平面布置图

说明：本方案干式变压器按800kVA设置，配电室平面已考虑1250kVA干式变压器的安装位置。

八、10kV 预装式变电站典型设计技术方案组合

国家电网公司预装式变电站典型设计共 3 个方案，技术方案组合见表 4-5，电气主接线图、10kV 系统配置图、0.4kV 系统配置图、电气平断面布置图如图 4-34～图 4-48 所示。

表 4-5　　　　　　10kV 预装式变电站典型设计技术方案组合

方案名称	变压器容量	电气主接线和进出线回路数	10kV 设备短路电流水平	无功补偿
XA－1（紧凑型预装式变电站）	400、500、630kVA（2 级及以上能效等级节能型油浸式变压器）	高压侧：单母线接线方式、1～2 回进线，1 回出线低压侧：4 回出线	不小于 20kA	可按 10％～15％变压器容量补偿，并按无功需量自动投切
XA－2（标准型预装式变电站）	400、500、630kVA（2 级及以上能效等级节能型油浸式变压器）	高压侧：单母线接线方式、1～2 回进线，1 回出线低压侧：4～6 回出线	不小于 20kA	可按 10％～30％变压器容量补偿，并按无功需量自动投切
XA－3（替代型预装式变电站）	400、500、630kVA（2 级及以上能效等级节能型油浸式变压器）	高压侧：单母线接线方式、1～2 回进线，1 回出线低压侧：4～6 回出线	不小于 20kA	可按 10％～30％变压器容量补偿，并按无功需量自动投切

XA-3（替代型预装式变电站）方案为过渡性方案，仅适用于替换在运且存在安全运行隐患的美式箱变设备，其电气方案参考紧凑型预装式变电站。

【分析】简述标准型和紧凑型预装式变电站的差异。

① 低压侧出线回路数：低压进线不设总开关，标准型预装式变电站低压侧出线回路数为 4～6 回，紧凑型预装式变电站低压侧出线为 4 回。

② 无功补偿：标准型预装式变电站可按 10％～30％变压器容量补偿；紧凑型预装式变电站可按 10％～15％变压器容量补偿。

③ 尺寸：标准型预装式变电站预留站所终端安装位置，站所终端参考尺寸 600mm×400mm×1700mm（宽×深×高）；紧凑型预装式变电站预留终端安装位置，尺寸为 800mm×150mm×1500mm（宽度×深度×高度）。

紧凑型预装式变电站外形尺寸 2650mm×1350mm×1900mm（宽×

深×高）。

标准型预装式变电站外形尺寸 3500mm×2400mm×2800mm（宽×深×高）。

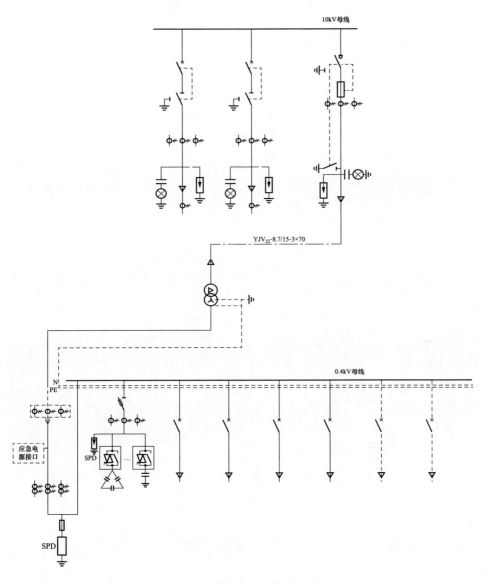

图 4-34　XA—1 方案电气主接线图（环网型）

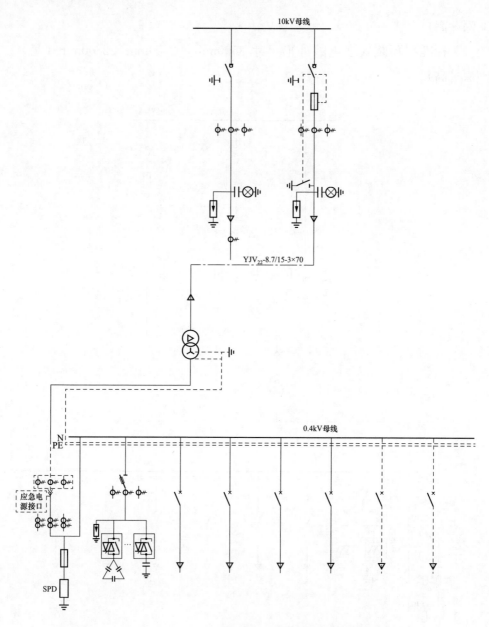

图 4-35　XA—1 方案电气主接线图（终端型）

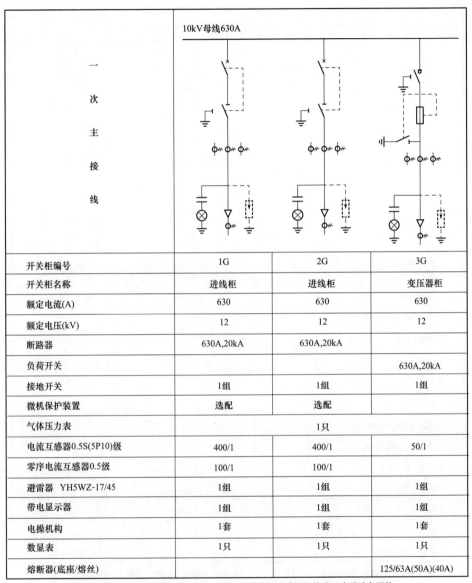

一次主接线	10kV母线630A		
开关柜编号	1G	2G	3G
开关柜名称	进线柜	进线柜	变压器柜
额定电流(A)	630	630	630
额定电压(kV)	12	12	12
断路器	630A,20kA	630A,20kA	
负荷开关			630A,20kA
接地开关	1组	1组	1组
微机保护装置	选配	选配	
气体压力表		1只	
电流互感器0.5S(5P10)级	400/1	400/1	50/1
零序电流互感器0.5级	100/1	100/1	
避雷器 YH5WZ-17/45	1组	1组	1组
带电显示器	1组	1组	1组
电操机构	1套	1套	1套
数显表	1只	1只	1只
熔断器(底座/熔丝)			125/63A(50A)(40A)

说明：1.本方案柜型选用SF₆气体绝缘断路器柜，当选用其他柜型时设备基础尺寸需适当调整。
2.柜内开关配置点动操动机构、辅助触点(6对动断、动合触点)，满足配网自动化要求。
3.柜内电流互感器一次电流应根据具体工程的实际需求配置。
4.出线避雷器、故障指示器可根据工程情况选配。
5.线路带电应闭锁接地开关。
6.可将出线组合电器柜改为断路器柜。

图 4-36　XA—1 方案 10kV 系统配置图（环网型）

一次主接线		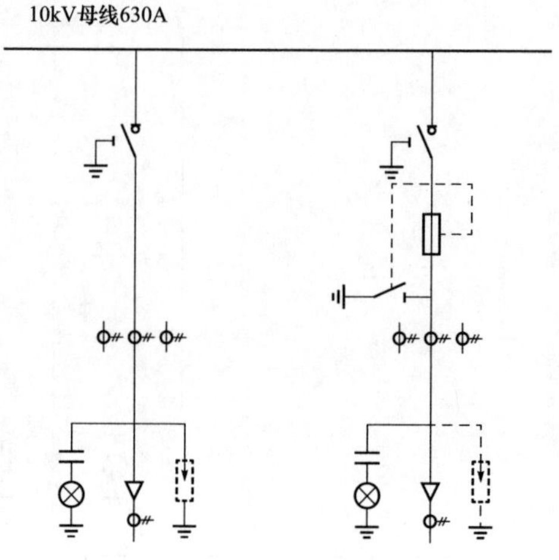 10kV母线630A	
开关柜编号		1G	2G
开关柜名称		进线柜	变压器柜
额定电流(A)		630	630
额定电压(kV)		12	12
负荷开关		630A,20kA	630A,20kA
接地开关			1组
气体压力表		1只	
电流互感器0.5S(5P10)级		400/1	50/1
零序电流互感器0.5级		100/1	
避雷器 YH5WZ-17/45		1组	1组
带电显示器		1组	1组
电操机构		1套	1套
数显表		1只	1只
熔断器(底座/熔丝)			125/63A(50A)(40A)

说明：1.本方案柜型选用SF₆气体绝缘负荷开关柜，当选用其他柜型时设备基础尺寸需适当调整。
2.柜内开关配置电动操动机构、辅助触点(6对动断、动合触点)，满足配网自动化要求。
3.柜内电流互感器一次电流应根据具体工程的实际需求配置。
4.出线避雷器、故障指示器可根据工程情况选配。
5.线路带电应闭锁接地开关。
6.可将出线组合电器柜改为断路器柜。

图 4-37 XA—1方案 10kV 系统配置图（终端型）

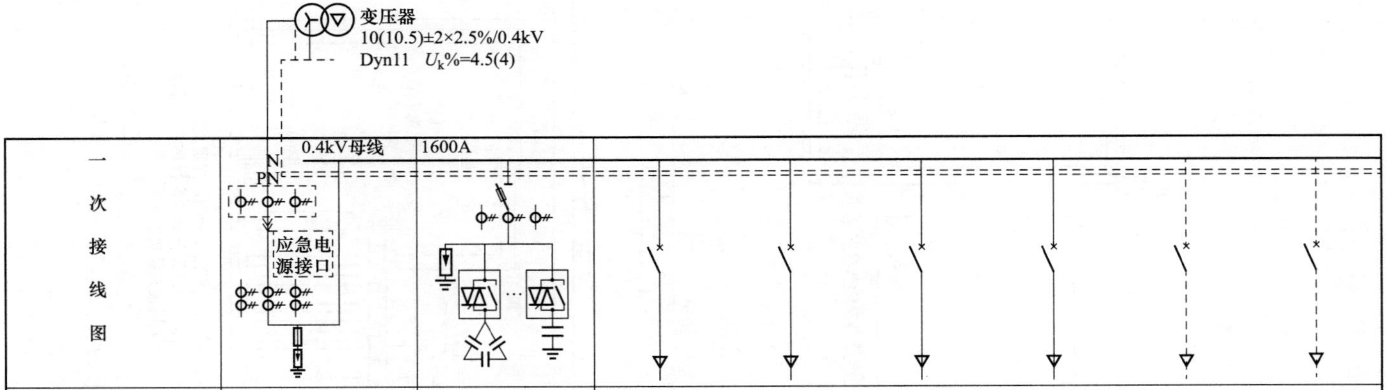

变压器
10(10.5)±2×2.5%/0.4kV
Dyn11 U_k%=4.5(4)
一次接线图
0.4kV母线
1600A
N
PN
应急电源接口

	开关柜编号	D1	D2	D3				
	开关柜名称	进线总柜	电容器柜	出线1	出线2	出线3	出线4	出线5	出线6
	额定电压(kV)	0.4	0.4	0.4	0.4	0.4	0.4	0.4	0.4
1	熔断器式隔离开关(A)		315						
2	塑壳断路器(A)			400	400	400	400	400	400
3	电流互感器(A)	1200/5 0.5级	200/5						
4	浪涌保护器	T1级试验，RS485接口	T1级试验						
5	电容器(kvar)		80(70)(60)						
6	数显表	1	1	1	1	1	1	1	1

说明：1.0.4kV出线保护：出线断路器脱扣器可选择电子式脱扣器，均不设失压保护。
2.出线长延时脱扣可根据电缆长期允许电流和上下级配合要求进行调整。
3.0.4kV进线侧预留计量AT位置，供负控终端用，有营销部门提供。

图 4-38 XA—1方案0.4kV系统配置图

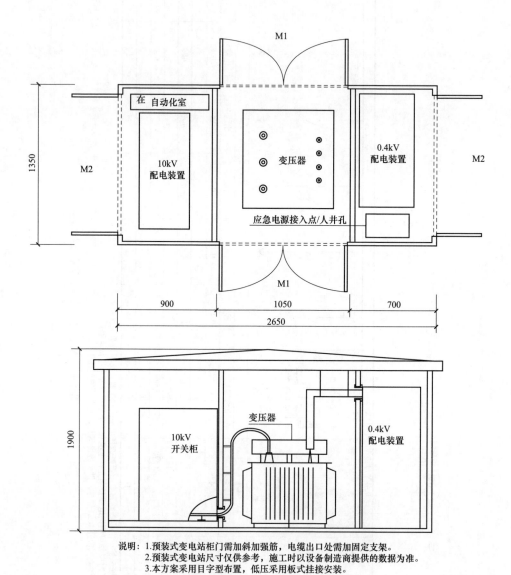

图 4-39　XA—1 方案预装式变电站电气平断面布置图

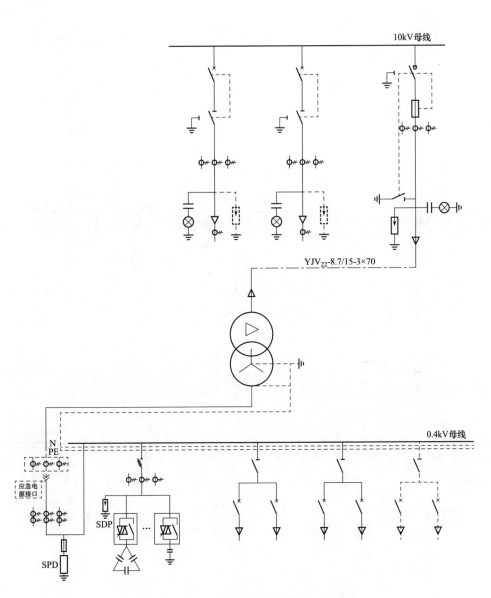

图 4-40 XA—2 方案电气主接线图（环网型）

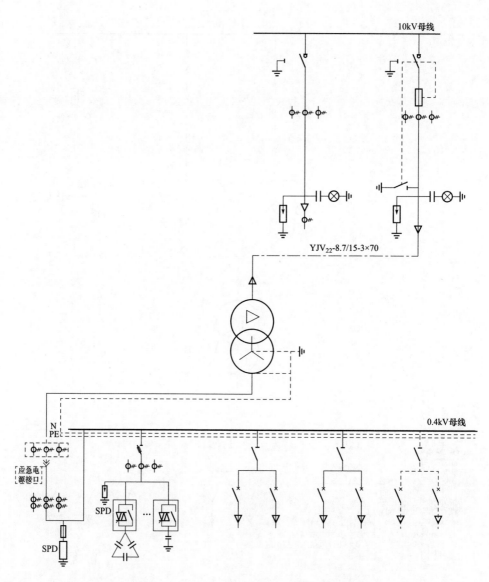

图 4-41　XA—2方案电气主接线图（终端型）

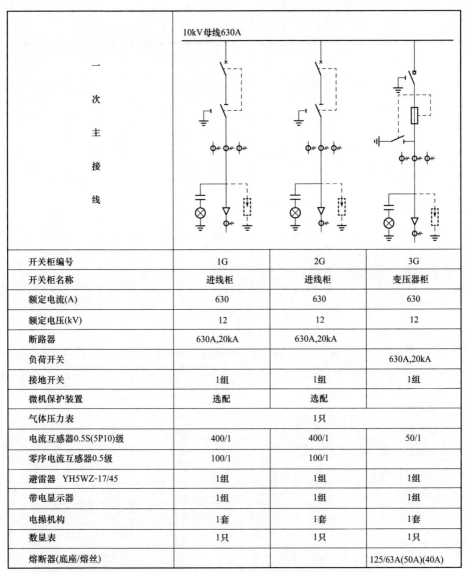

开关柜编号	1G	2G	3G
开关柜名称	进线柜	进线柜	变压器柜
额定电流(A)	630	630	630
额定电压(kV)	12	12	12
断路器	630A,20kA	630A,20kA	
负荷开关			630A,20kA
接地开关	1组	1组	1组
微机保护装置	选配	选配	
气体压力表		1只	
电流互感器0.5S(5P10)级	400/1	400/1	50/1
零序电流互感器0.5级	100/1	100/1	
避雷器　YH5WZ-17/45	1组	1组	1组
带电显示器	1组	1组	1组
电操机构	1套	1套	1套
数显表	1只	1只	1只
熔断器(底座/熔丝)			125/63A(50A)(40A)

说明：1.本方案柜型选用SF$_6$气体绝缘断路器柜，当选用其他柜型时设备基础尺寸需适当调整。

2.柜内开关配置电动操动机构、辅助触点(6对动断、动合触点)，满足配网自动化要求。

3.柜内电流互感器一次电流应根据具体工程的实际需求配置。

4.出线避雷器、故障指示器可根据工程情况选配。

5.线路带电应闭锁接地开关。

6.可将出线组合电器柜改为断路器柜。

图 4-42　XA—2方案 10kV 系统配置图（环网型 630kVA）

一次主接线	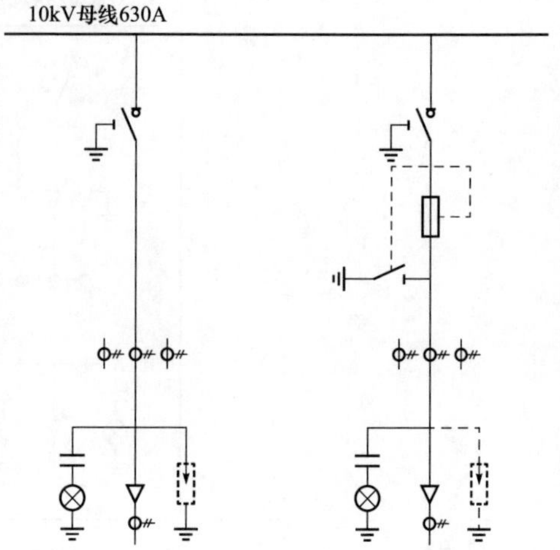	
	10kV母线630A	
开关柜编号	1G	2G
开关柜名称	进线柜	变压器柜
额定电流(A)	630	630
额定电压(kV)	12	12
负荷开关	630A,20kA	630A,20kA
接地开关		1组
气体压力表	1只	
电流互感器0.5S(5P10)级	400/1	50/1
零序电流互感器0.5级	100/1	
避雷器　YH5WZ-17/45	1组	1组
带电显示器	1组	1组
电操机构	1套	1套
数显表	1只	1只
熔断器(底座/熔丝)		125/63A(50A)(40A)

说明：1.本方案柜型选用SF₆气体绝缘负荷开关柜，当选用其他柜型时设备基础尺寸需适当调整。
　　　2.柜内开关配置电动操动机构、辅助触点(6对动断、动合触点)，满足配网自动化要求。
　　　3.柜内电流互感器一次电流应根据具体工程的实际需求配置。
　　　4.出线避雷器、故障指示器可根据工程情况选配。
　　　5.线路带电应闭锁接地开关。
　　　6.可将出线组合电器柜改为断路器柜。

图 4-43　XA—2 方案 10kV 系统配置图（终端型）

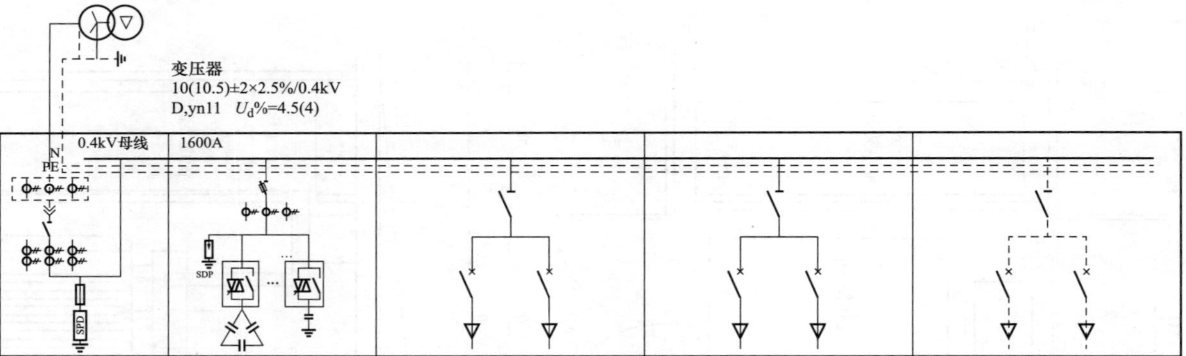
变压器
10(10.5)±2×2.5%/0.4kV
D,yn11 U_d%=4.5(4)
0.4kV母线
1600A
N
PE
SPD
SDP

	一次接线图								
	开关柜编号	D1	D2	D3		D4		D5	
	开关柜名称	进线总柜	电容器柜	出线1		出线2		出线3	
	额定电压(kV)	0.4	0.4	0.4		0.4		0.4	
1	隔离开关(A)			1500		1000		1000	
2	塑壳断路器(A)			630	630	400	400	400	400
3	熔断器式隔离开关(A)		400						
4	智能型框架断路器(A)	1250							
5	电流互感器(A)	1200/5 0.5级	300/5						
6	浪涌保护器	T1级试验，RS485接口	T1级试验						
7	电容器(kvar)		100(80)(60)						
8	数显表	1	1	1	1	1	1	1	1

说明：1.0.4kV出线保护：出线断路器脱扣器可选择电子式脱扣器，均不设失压保护。
2.出线长延时脱扣可根据电缆长期允许电流和上下级配合要求进行调整。
3.0.4kV进线侧预留计量TA位置，供负控终端用，有营销部门提供。

图 4-44 XA—2方案0.4kV系统配置图

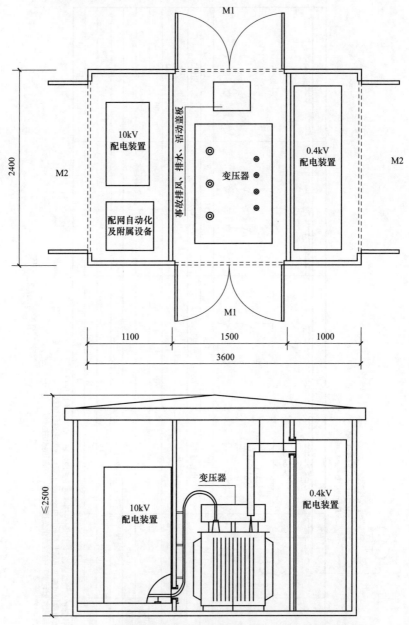

说明：1.预装式变电站柜门需加斜加强筋，电缆出口处需加固定支架。
　　　2.预装式变电站尺寸仅供参考，施工时以设备制造商提供的数据为准。
　　　3.预装式变电站采用非金属结构，门M1、M2外开不小于90度。
　　　4.本方案采用目字型布置，低压采用低压柜组屏形式。

图 4-45　XA—2 方案预装式变电站电气平断面布置图

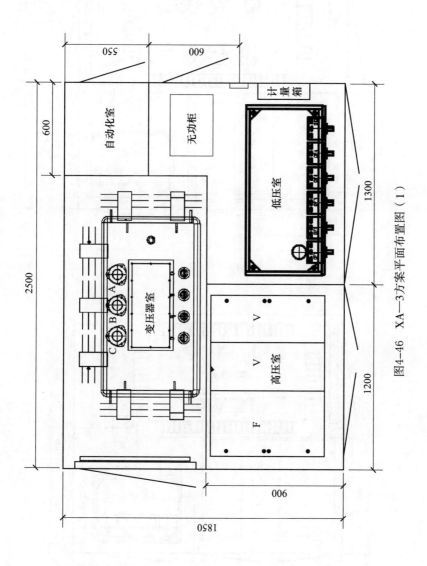

图4-46　XA-3方案平面布置图（1）

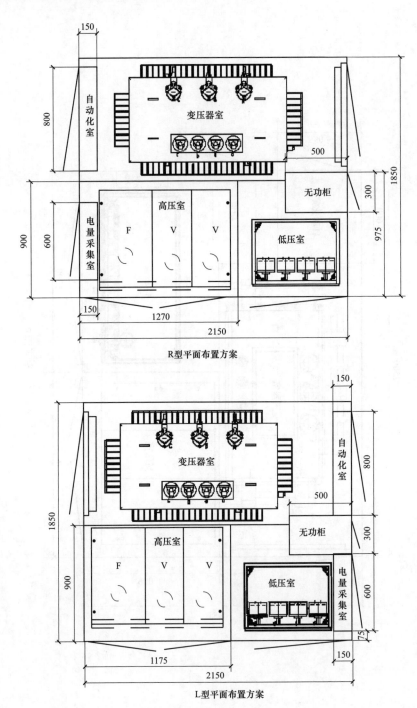

图 4-47　XA—3 方案平面布置图（2）

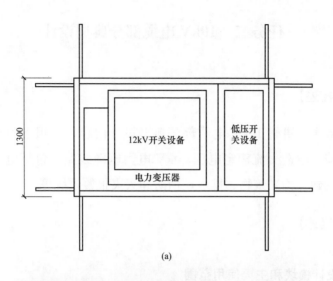

(a)

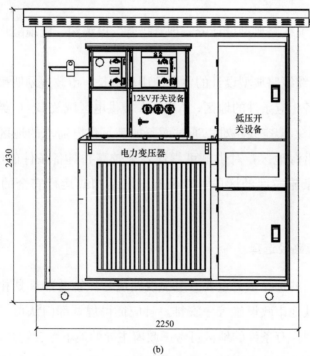

(b)

图 4-48 XA—3 方案平面布置图（3）

任务二　10kV 电缆部分典型设计

》【任务描述】

本任务主要讲解 10kV 电缆部分典型设计内容，适用于国家电网公司系统内新建、改造交流额定电压 10kV 电力电缆线路，包括电缆本体、附件与相关的建（构）筑物、排水、消防和火灾报警系统等。

》【知识描述】

一、设计模块和主要使用范围

10kV 电缆线路典型设计分直埋、排管、电缆沟、电缆隧道和电缆井五个模块。

10kV 电缆线路典型设计的主要使用范围是：市政规划明确要求采用电缆线路且具备相应条件的地区；A＋、A 类供电区域及 B、C 类重要供电区域；走廊狭窄，架空线路难以通过而不能满足供电需求的地区；易受热带风暴侵袭的沿海地区；对供电可靠性要求较高并具备条件的经济开发区；经过重点风景旅游区的区段；以及有电网结构或运行安全的特殊需要的地区。

二、电缆路径选择

电缆路径的选择至关重要。电缆线路应与城镇总体规划相结合，应与各种管线和其他市政设施统一安排，且应征得规划部门认可。根据发展趋势及统一规划，有条件的地区可考虑政府主导的地下综合管廊。

（1）电缆敷设路径应综合考虑路径长度、施工、运行和维护方便等因素，统筹兼顾，做到经济合理、安全适用。

（2）应避开可能挖掘施工的地方，避免电缆遭受机械性外力、过热、腐蚀等危害。

（3）应便于敷设与维修、应有利于电缆接头及终端的布置与施工。

（4）在符合安全性要求下，电缆敷设路径应有利于降低电缆及其构筑物的综合投资。

（5）供敷设电缆用的土建设施宜按电网远期规划并预留适当裕度一次建成。

（6）电缆在任何敷设方式及其全部路径条件的上下左右改变部位，均应满足电缆允许弯曲半径要求。典型设计中电缆允许最小弯曲半径采用 15 倍电缆外径。

（7）如遇湿陷性黄土、淤泥、冻土等特殊地质，应进行相应的地基处理。

三、电缆型号及适用范围

10kV 电力电缆线路一般选用三芯电缆，电缆导体可选用铜或铝等材质。但以下情况应选用铜导体：

（1）重要电源、移动式电气设备等需保持连接具有高可靠性的回路。

（2）振动剧烈、有爆炸危险或对铝有腐蚀等严酷的工作环境。

（3）耐火电缆。

（4）紧靠高温设备布置。

（5）安全性要求高的公共设施。

（6）工作电流较大，需增多电缆根数时。

还要注意电缆导体最小截面的选择，应同时满足规划载流量和通过可能的最大短路电流时热稳定的要求。交联电缆载流量表如表 4-6 所示。电缆导体截面的选择应结合敷设环境来考虑，10kV 常用电缆可根据 10kV 交联电缆载流量，结合不同环境温度、不同管材热阻系数、不同土壤热阻系数及多根电缆并行敷设等各种载流量校正系数来综合计算。载流量校正系数参考表 4-7～表 4-10。

表 4-6 　　　　　　　　　　　10kV 交联电缆载流量表

10kV 交联电缆		电缆允许持续载流量（A）			
绝缘类型		交联聚乙烯			
钢铠护套		无		有	
缆芯最高工作温度（℃）		90			
敷设方式		空气中	直埋	空气中	直埋
缆芯截面（mm²）	35	123	110	123	105
	70	178	152	173	152
	95	219	182	214	182
	120	251	205	246	205
	150	283	223	278	219
	185	324	252	320	247
	240	378	292	373	292
	300	433	332	428	328
	400	506	378	501	374
环境温度（℃）		40	25	40	25
土壤热阻系数（℃·m/W）		—	2.0	—	2.0

应用表 4-6 以下注意事项：

（1）适用于铝芯电缆、铜芯电缆的允许载流量值可乘以 1.29。

（2）缆芯工作温度大于 90℃时，计算持续允许载流量时，应符合下列规定：

1）数量较多的该类电缆敷设于未装机械通风的隧道、竖井时，应计入对环境温升的影响。

2）电缆直埋敷设在干燥或潮湿土壤中，除实施换土处理能避免水分迁移外，土壤热阻系数取值不小于 2.0℃·m/W。

（3）对于海拔 1000～4000m（含）的地区，每增高 100m，气压约降低 0.8～1kPa，应充分考虑海拔对电缆允许载流量的影响，建议结合实际条件进行相应折算。

表 4-7 　　　　　　10kV 电缆在不同环境温度时的载流量校正系数

缆芯最高工作温度（℃）	环境温度（℃）							
	空气中				土壤中			
	30	35	40	45	20	25	30	35
60	1.22	1.11	1.0	0.86	1.07	1.0	0.93	0.85

缆芯最高工作温度（℃）	环境温度（℃）							
	空气中				土壤中			
	30	35	40	45	20	25	30	35
65	1.18	1.09	1.0	0.89	1.06	1.0	0.94	0.87
70	1.15	1.08	1.0	0.91	1.05	1.0	0.94	0.88
80	1.11	1.06	1.0	0.93	1.04	1.0	0.95	0.90
90	1.09	1.05	1.0	0.94	1.04	1.0	0.96	0.92

表 4-8　　不同土壤热阻系数时 10kV 电缆载流量的校正系数

土壤热阻系数（℃·m/W）	分类特征（土壤特性和雨量）	校正系数
0.8	土壤很潮湿，经常下雨。如湿度大于 9% 的沙土；湿度大于 10% 的沙-泥土等	1.05
1.2	土壤潮湿，规律性下雨。如湿度大于 7% 但小于 9% 的沙土；湿度为 12%～14% 的沙-泥土等	1.0
1.5	土壤较干燥，雨量不大。如湿度为 8%～12% 的沙-泥土等	0.93
2.0	土壤干燥，少雨。如湿度大于 4% 但小于 7% 的沙土；湿度为 4%～8% 的沙-泥土等	0.87
3.0	多石地层，非常干燥。如湿度小于 4% 的沙土等	0.75

表 4-9　　土中直埋多根并行敷设时电缆载流量的校正系数

根数		1	2	3	4	5	6
电缆之间净距（mm）	100	1	0.9	0.85	0.80	0.78	0.75
	200	1	0.92	0.87	0.84	0.82	0.81
	300	1	0.93	0.90	0.87	0.86	0.85

表 4-10　　空气中单层多根并行敷设时电缆载流量的校正系数

并列根数		1	2	3	4	5	6
电缆中心	$s=d$	1.00	0.90	0.85	0.82	0.81	0.80
	$s=2d$	1.00	1.00	0.98	0.95	0.93	0.90
	$s=3d$	1.00	1.00	1.00	0.98	0.97	0.96

注　1. s 为电缆中心间距离；d 为电缆外径。

2. 本表按全部电缆具有相同外径条件制定，当并列敷设的电缆外径不同时，d 值可近似取电缆外径的平均值。

电缆截面的选择应考虑设施标准化，结合国家电网标准物料及当地精简物料选型。

直埋敷设电缆与其他电缆、管道、道路、构筑物等之间允许的最小距离，应符合 4-11 规定。

表 4-11　直埋敷设电缆与其他电缆、管道、道路、构筑物等之间允许的最小距离

电缆直埋敷设时的配置情况		平行（m）	交叉（m）
电力电缆之间或与控制电缆之间	10kV 及以下	0.1	0.5*
	10kV 以上	0.25**	0.5*
不同部门使用的电缆间		0.5**	0.5*
电缆与地下管沟及设备	热力管沟	2.0**	0.5*
	油管及易燃气管道	1	0.5*
	其他管道	0.5	0.5*
电缆与铁路	非直流电气化铁路路轨	3	1
	直流电气化铁路路轨	10	1
电缆建筑物基础		0.6***	
电缆与公路边		1.0***	
电缆与排水沟		1.0***	
电缆与树木的主干		0.7	
电缆与 1kV 以下架空线电杆		1.0***	
电缆与 1kV 以上架空线杆塔基础		4.0***	

注　1. 对于海拔 1000～4000m（含）的高海拔地区的电力电缆之间的相互间距应适当增加，建议表中数值调整为平行 0.2m，交叉 0.6m。

　　2. 对于海拔 1000～4000m（含）的高海拔地区的电缆，应尽量减少与热力管道等发热类地下管沟及设备的交叉，当无法避免时，建议表中数值调整为平行 2.5m，交叉 1.0m。

　　*　用隔板分隔或电缆穿管时可为 0.25m。

　　**　用隔板分隔或电缆穿管时可为 0.1m。

　　***特殊情况可酌减且最多减少一半值。

四、土建部分

1. 荷载选定

土建部分的典型设计应按以下荷载考虑：

（1）一般地面活动荷载、堆积荷载取 4.0～10kN/m^2。

（2）电缆排管、电缆沟、隧道、电缆井等结构件处于道路人行道等小

型车通行区域时，应考虑以 35kN 为标准轴载进行结构设计；处于城市车行道时，应考虑以 100kN 为标准轴载进行结构设计；电缆管道处于公路时，应以双轮组 2×140kN 为标准轴载进行结构设计。

（3）一般地面活荷载和车辆荷载不考虑同时作用，按地震烈度七度设防，在计算地震作用时，应计算结构等效重力荷载产生的水平地震作用和动土压力作用。

2. 防火、防水、排水、通风措施

为了更好地防火、防水、排水、通风，一般情况下宜选用阻燃电缆。站室电缆沟槽（夹层）、竖井、隧道、管沟等非直埋敷设的电缆，应选用阻燃电缆。

电缆的敷设应符合相关规定，并应对电缆座防火封堵，电缆接头的表面做阻燃处理等。

对电缆可能着火导致严重事故的回路、易受外部影响波及火灾的电缆密集场所，应有适当的阻火分隔，并按工程的重要性、火灾概率及其特点和经济合理等因素，采取相应安全措施。电缆构筑物根据实际情况采取相应的防水、排水、通风措施。

3. 标志

在电缆路径沿途应设置统一的警示带、标识牌、标识桩、标识贴等电力标志。

五、各模块技术组合

电缆部分典型设计按敷设方式共分为：直埋、排管、电缆沟、隧道和电缆井 5 个模块。按照敷设规模、断面形式、外部荷载等不同因素又划分为 14 个子模块，其中，直埋有 3 个模块，排管有 2 个模块，电缆沟有 2 个模块，隧道有 2 个模块，电缆井有 5 个模块。电缆部分典型设计模块分类见表 4-12。

根据城市等级及供电区域划分电缆通道，一般按表 4-13 选型。

表 4-12 电缆部分典型设计模块分类表

模块名称或敷设方式	子模块编号	电缆回路数和根数	电缆截面（芯数×截面，mm²）	模块特征描述
直埋	A-1	电缆根数≤4	3×70～400	直埋
	A-2	电缆根数≤4	3×70～400	砖砌直埋
	A-3	电缆根数≤4	3×70～400	预制槽盒直埋
排管	B-1	电缆根数≤20	3×（70～400）	管外原土回填，管外混凝土包封管顶深≥0.5m（冻土层以下）
	B-2	电缆根数≤7（拉管）≤36（顶管）	3×（70～400）	非开挖拉管、顶管
电缆沟	C-1	支架层数 3～46≤电缆	3×（70～400）	砖砌侧墙
	C-2	支架层数：3～56≤电缆	3×（70～400）	现浇混凝土侧墙
隧道	D-1	支架层数：6 电缆	3×（70～400）	2.0（1.65）m×2.1m（明开挖）
	D-2	支架层数：6 电缆	3×（70～400）	2.0（1.65）m×2.3m（浅埋暗挖）
电缆井	E-1	电缆根数≤30 根	3×（70～400）	直线井
	E-2	电缆根数≤30 根	3×（70～400）	转角井
	E-3	电缆根数≤30 根	3×（70～400）	三通井
	E-4	电缆根数≤30 根	3×（70～400）	四通井
	E-5	电缆根数≤30 根	3×（70～400）	八角形四通井

表 4-13 各类城市及供电区域电缆通道选型原则对照表

城市等级	供电区域	通道型式选择原则			
		直埋	排管	电缆沟	隧道
一线城市	A+、A、B、C	不推荐	推荐	不采用	推荐
二线及以下	A+、A、B、C	不推荐	推荐	可采用	可采用

各模块由于内容和性质不同，适用于不同场合和不同敷设方式的电缆线路设计，具体命名为 A 模块（直埋）、B 模块（排管）、C 模块（电缆沟）、D 模块（隧道）、E 模块（电缆井）。实际工程设计中，应从各模块中选取子模块，通过子模块拼接、调整得到合适的方案，以适应实际要求。

1. A 模块（直埋）

A 模块适用于电缆数量较少、敷设距离短（不宜超过 50m）、地面荷载比较小、地下管网比较简单、不易经常开挖和没有腐蚀土壤的地段，不适用于城市核心区域及向重要用户供电的情况。直埋敷设如图 4-49 所示。

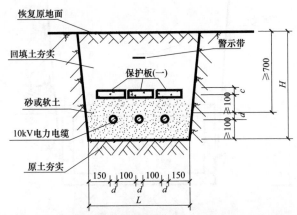

说明：1. L、H 为电缆壕沟的宽度和深度，应根据电缆根数和外径确定。
　　　2. d 为电缆外径，c 为保护板厚度。
　　　3. 电缆穿越农田时的最小埋深为1000mm。

(a) A-1电缆直埋敷设断面图

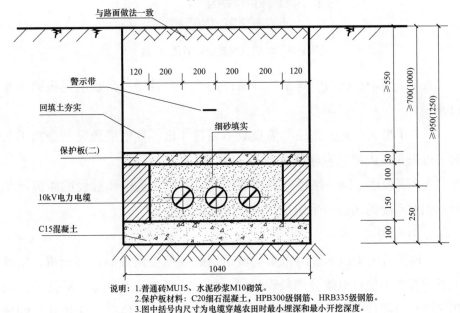

说明：1. 普通砖MU15、水泥砂浆M10砌筑。
　　　2. 保护板材料：C20细石混凝土，HPB300级钢筋、HRB335级钢筋。
　　　3. 图中括号内尺寸为电缆穿越农田时最小埋深和最小开挖深度。

(b) A-2电缆砖砌槽直埋敷设断面图

图 4-49　电缆直埋敷设示意图（一）

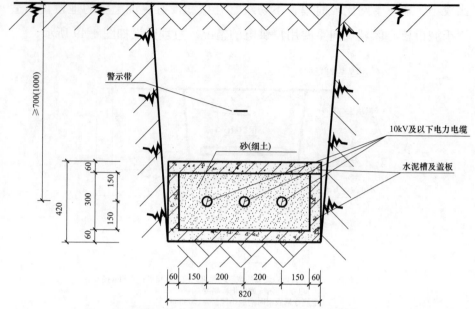

说明：1.电缆敷设与上下水，热力，煤气等地下设施交叉、平行距离按规程规定执行。
　　　2.图中括号内尺寸电缆穿越农田时最小埋深。

(c) A-3电缆预制槽直埋敷设断面图

图4-49　电缆直埋敷设示意图（二）

A-1子模块：适用于具备直埋条件的地方，且同一路径电缆根数不超过4根。

A-2子模块：同一路径电缆根数不超过4根，且电缆敷设的距离不长时，可采用砖砌槽盒直埋敷设方式。

A-3子模块：同一路径电缆根数不超过4根，且电缆敷设的距离不长时，相对重要的场合可采用预制槽直埋敷设方式。

2. B模块（排管）

B模块适用于地下管网密集的城市道路或挖掘困难的道路通道；城镇人行道开挖不便且电缆分期敷设地段；规划或新建道路地段；易受外力破坏区域；电缆与公路、铁路等交叉处；以及城市道路狭窄且交通繁忙的地段。一般情况应优先选用B-1子模块按规划布设到位，少量无法进行明开挖施工的可采用B-2子模块。排管敷设如图4-50所示。

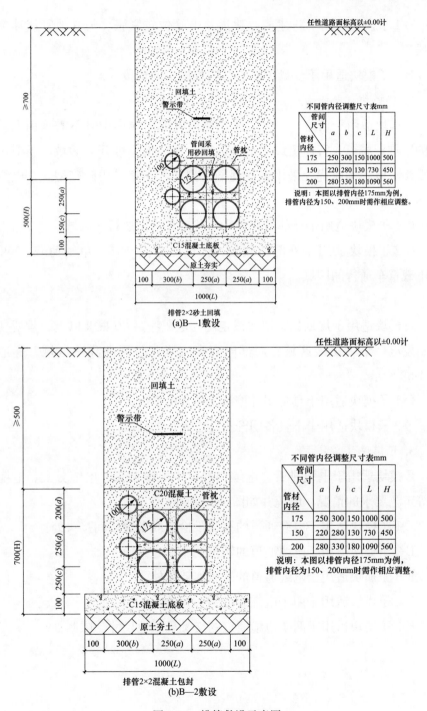

图 4-50 排管敷设示意图

B-1 子模块适用于新建或改建道路上管位较紧张、与其他管线冲突多的段。

B-2 子模块适用于少量无法进行明挖施工的地段。

3. C 模块（电缆沟）

C 模块适用于道路、厂区、建筑物内电缆出线集中且不需采用电缆隧道的区域；城镇人行便道或绿地等区域。在盖板不可开启区域，不应选择电缆沟。电缆沟应优先采用钢筋混凝土型式，不宜采用砖砌型式。电缆沟如图 4-51 所示。

C-1 子模块适用于外部荷载较小，载重车不能通行的区域。

C-2 子模块适用于外部荷载较大，可能有汽－15（单轴荷载 100kN）以下载重车通行的区域。

4. D 模块（隧道）

D 模块适用于规划集中出线或走廊内电缆线路 20 根及以上、重要变电站、发电厂集中出线区域、局部电力走廊紧张且回路集中区域。隧道如图 4-52 所示。

D-1 子模块适用于具备明开挖施工条件的情况。

D-2 子模块适用于不具备明开挖施工条件的情况。

5. E 模块（电缆井）

E 模块适用于电缆排管、电缆沟敷设中电缆接头、电缆分支、电缆施工等工艺要求的情况。电缆井如图 4-53 所示。

E-1 子模块适用于电缆通道的直线段检查或布置中间接头处。

E-2 子模块适用于电缆通道的转角处。

E-3 子模块适用于电缆通道的直线加转角处。

E-4 子模块适用于两个电缆通道的交叉处。

E-5 子模块适用于两个电缆通道的交叉且场地尺寸受限制处。

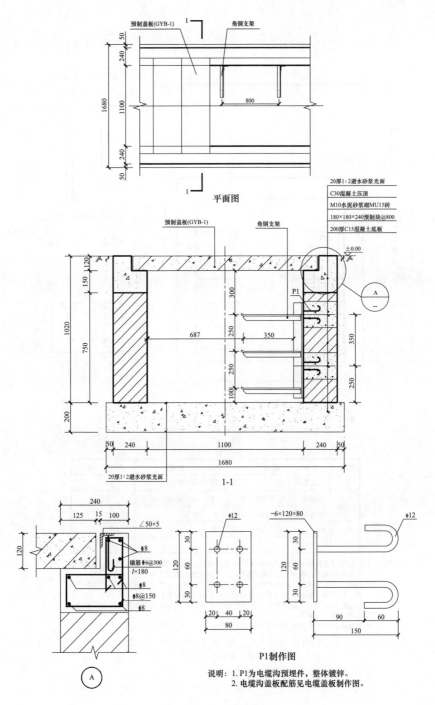

图 4-51　电缆沟示意图

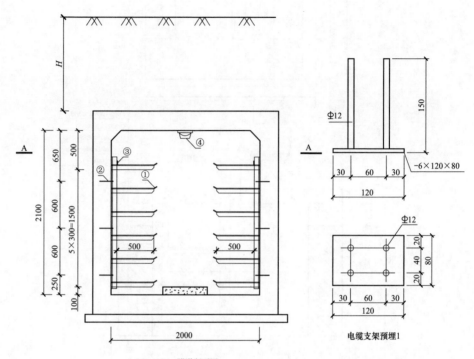

2.0m×2.1m隧道断面图

材料表

编号	名称	型号	单位	数量	图纸	备注
①	电缆支架	ZJ11	只	间距800mm		
②	预埋件	见说明2	只	水平间距800×3		
③	内接地带	-50mm×5mm	m	通长		
④	照明	见说明3	套			

说明：1.本电缆隧道适用于明开挖2.0m×2.1m电缆隧道，覆土深度H为在0.7~2.0m。隧道
　　　支架双侧布置，水平间距0.8m排列，上下层支架间距净空不得小于0.2m。
　　　2.本图预埋件按照螺栓连接作图，各省市按照各自情况可采用其他方式，如预埋钢板
　　　等。但钢板与角钢支架连接需焊接时，焊接后需做好防腐。
　　　3.电缆隧道内照明、消防等系统，本图内仅示意，各省市使用时依据各自情况配置，
　　　本图不做统一要求。
　　　4.电缆隧道底板纵向排水坡度不得小于0.5%。

图4-52　隧道示意图（一）

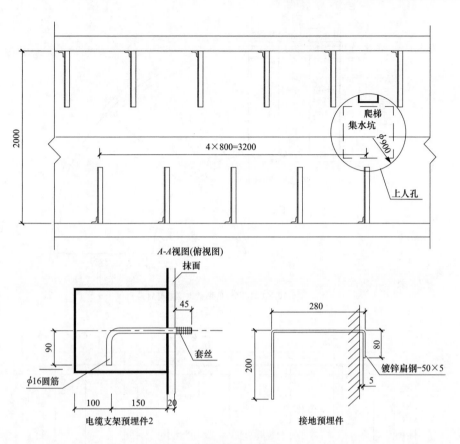

A-A视图(俯视图)

电缆支架预埋件2

接地预埋件

图 4-52 隧道示意图（二）

3×1.2×1.5直线井(砖砌)盖板开启式

(a)E-1

图 4-53 电缆井示意图（一）

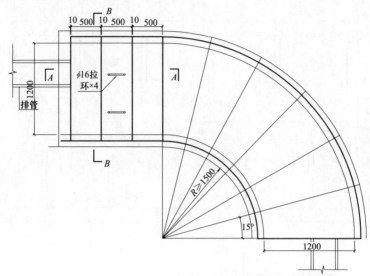

(6~10)×1.2×1.5转角井(砖砌)盖板开启式

(b)E-2

6×1.2×1.5三通井(砖砌)盖板开启式

(c)E-3

图 4-53 电缆井示意图（二）

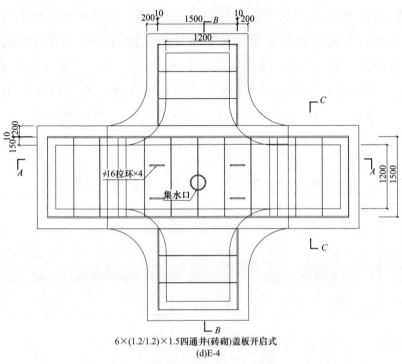

6×(1.2/1.2)×1.5四通井(砖砌)盖板开启式
(d)E-4

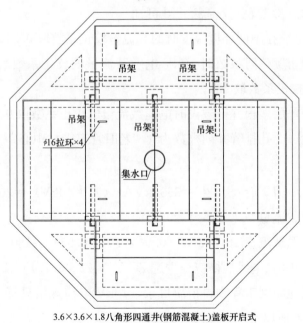

3.6×3.6×1.8八角形四通井(钢筋混凝土)盖板开启式
(e)E-5

图4-53　电缆井示意图（三）

【示例】市区某地块报装容量为 3500kVA，根据规划该地块为普通住宅用地，负荷为网络末端负荷。现计划从附近环网室通过现有老旧管道新敷设一回 10kV 铠装电缆至工厂配电房供电，管道规模为常规 8＋2 孔电缆排管（部分路径使用 7 孔，剩余 1 孔，有多根主线电缆经过）。请选择合适的电缆截面，并提供计算过程。当地物料参考表 4-14 所示。

表 4-14　温州配电网建设及改造标准物料目录 2019 版（电力电缆节选）

序号	物资小类	物料编码	物料描述
111	电力电缆	500107869	电力电缆，AC10kV，YJV，300，3，22，ZC，无阻水
112	电力电缆	500108108	电力电缆，AC10kV，YJV，400，3，22，ZC，无阻水
113	电力电缆	500108478	电力电缆，AC10kV，YJV，70，3，22，ZC，无阻水
114	电力电缆	500108651	电力电缆，AC10kV，YJV，150，3，22，ZC，无阻水

解答：

结合题意参考表 4-7～表 4-10 可知：

10kV 电缆在不同环境温度时的载流量校正系数取 0.94；

按不同土壤热阻系数时 10kV 电缆载流量的校正系数表，土壤热阻系数取 1.2，校正系数取 1.0；

空气中单层多根并行敷设时电缆载流量的校正系数取 0.95。

（常规 8＋2 孔排管并列根数为 4，老旧管道管材中心距一般≤210mm，故取 $s=2d$）

由 $S=\sqrt{3}UI$，$I=S/\sqrt{3}U=3600\text{kVA}/(\sqrt{3}\times10\text{kV})=207.85\text{A}$

铜电缆载流量 207.85A/1.29＝161.12A

所选电缆载流量 161.12A/（0.94×1.0×0.95）＝180.43A

根据表 4-6，电缆规格应至少选 ZC-YJV 22－8.7/15－3×95。

根据当地城网工程物料精简目录，10kV 电缆规格只有 70，150，300，400 等 4 种，所以本工程电缆应选 150 截面规格。

任务三　10kV 架空线路部分典型设计

≫【任务描述】

本任务主要讲解 10kV 架空配电线路典型设计内容，包括 10kV 架空配电线路（含同杆架设的 380/220V 线路）的气象条件、10kV（含同杆架设的 380/220V 线路）导线型号的选取和导线应力弧垂表、多样化杆头布置、直线水泥单杆、无拉线转角水泥单杆及拉线转角水泥单杆的选用、拉线直线水泥双杆及拉线转角水泥双杆的选用、直线钢管杆及耐张钢管杆的选用、窄基塔的选用、金具和绝缘子选用及防雷与接地、柱上设备、柱上配电自动化终端及配套装置、耐张及分支杆引线布置、线路标识及警示装置、架空线路分册应用说明等。

≫【知识描述】

10kV 架空配电线路典型设计共列杆头模块 15 个、杆头型式 31 种，列杆型模块 36 个、杆型 72 种。典型设计主要图纸内容见表 4-15。

表 4-15　　　　　　　10kV 架空配电线路典型设计设主要图纸内容

序号	名称	主要图纸内容
1	设计技术原则	—
2	导线应力弧垂表	—
3	10kV 多样化杆头布置	杆头示意图、横担加工图、抱箍加工图、双头螺栓加工图、斜撑加工图、顶架加工图、钢管杆横担连接板及加劲板通用图
4	10kV 直线水泥单杆	单线图及技术参数表、爬梯组合安装图、爬梯铁附件制造图、基础型式示意图
5	10kV 无拉线转角水泥单杆	单线图及技术参数表、爬梯组合安装图、基础型式示意图
6	10kV 拉线转角水泥单杆	单线图及技术参数表、拉线布置示意图及配置表、拉线抱箍加工图

续表

序号	名称	主要图纸内容
7	10kV拉线直线水泥双杆及拉线转角水泥双杆	单线图及参数表、拉线布置示意图及配置表、横担加工图、斜撑加工图、抱箍加工图、横担托箍加工图
8	10kV直线钢管杆	单线图及技术参数表、杆段结构图、爬梯结构图、加工说明、基础型式示意图
9	10kV耐张钢管杆	单线图及技术参数表、杆段结构图、爬梯结构图、加工说明、基础型式示意图
10	10kV窄基塔	单线图及技术参数表、总图及材料汇总表、塔头结构图、塔身结构图、塔腿结构图、加工说明、基础型式示意图
11	10kV金具、绝缘子选用及防雷与接地	常用金具及绝缘子表、绝缘子选用配置表、绝缘子串图例、剥皮或不剥皮安装方式图、绝缘导线防雷装置图例、接地引下方式示意图
12	10kV柱上设备	柱上开关(柱上断路器、柱上负荷开关、柱上隔离开关、跌落式熔断器)、电缆引下装置、柱上无功补偿装置、柱上高压计量装置等组装示意图
13	10kV柱上配电自动化终端及配套装置	开关杆配置配电自动化终端安装示意图、配置故障指示器安装示意图
14	10kV耐张及分支杆引线布置	转角杆装置图、耐张杆跳线图、单回及多回路直线支接装置图
15	10kV线路标识及警示装置	—
16	10kV架空线路分册应用说明	—

10kV架空配电线路典型设计在广泛调研的基础上选取以下A、B、C三种气象区，见表4-16。

表4-16　　　　10kV架空配电线路典型设计用气象区

气象区		A	B	C
大气温度(℃)	最高	+40		
	最低	−10	−20	−40
	覆冰	−5		
	最大风	+10	−5	−5
	安装	−5	−10	−15
	外过电压	+15		
	内过电压、年平均气温	+20	+10	−5

续表

气象区		A	B	C
风速（m/s）	最大风	35	25	30
	覆冰		10	
	安装		10	
	外过电压	15	10	10
	内过电压	17.5	15	15
覆冰厚度（mm）		5	10	10
冰的密度（kg/m³）			0.9×10^3	

对于超出表 4-16 范围的局部气象情况，设计时需对特定气象条件进行相关的计算，并对典型设计各相关内容进行校核、调整后方可使用。

一、导线选取和使用

按以下原则进行导线型号与截面选取：

（1）出线走廊拥挤、树线矛盾突出、人口密集的 A＋、A、B、C 类供电区域宜采用 JKLYJ 系列铝芯交联聚乙烯绝缘架空电缆（以下简称绝缘导线）；出线走廊宽松、安全距离充足的城郊、乡村、牧区等 D、E 类供电区域可采用裸导线。A＋～E 类供电区域的划分主要依据行政级别或规划水平年的负荷密度，也可参考经济发达程度、用户重要程度、用电水平、GDP 等因素确定，供电区域划分情况见表 1-1。

（2）10kV 架空配电线路根据不同的供电负荷需求可以采用 50、70、95、120、150、185、240mm² 等多种截面的导线。根据 Q/GDW 370《配电网技术导则》要求，架空线路导线型号的选择应考虑设施标准化，采用铝芯绝缘导线或铝绞线时，各供电区域中压架空线路导线截面的选择见表 4-17。

表 4-17　　　　　　　　　中压架空线路导线截面选择表　　　　　　　　　mm²

规划供电区域	规划主干线导线截面（含联络线）	规划分支导线截面
A＋、A、B	240 或 185	≥95
C、D	≥120	≥70
E	≥95	≥50

（3）同杆架设的 380/220V 架空线路根据不同的供电负荷需求可以采用 50、70、95、120、150、185mm² 等多种截面的导线。

（4）各地在使用时应考虑供电区域性质，结合各地需要选择 2～3 种常用截面的导线，可使杆型选择、施工备料、运行维护得以简化。

（5）导线的适用档距是指导线允许使用到的最大档距（即工程中相邻杆塔的最大间距）。典型设计绝缘导线的适用档距不超过 80m，裸导线的适用档距不超过 250m。

（6）裸导线可选用 JL/G1A 钢芯铝绞线和 JL 铝绞线，典型设计中 JL/G1A 钢芯铝绞线的适用档距为 250m 及以下。当导线的适用档距为 80m 及以下时，120～240mm² 裸导线宜选用 JL 铝绞线。

（7）10kV 水泥单杆（含直线水泥单杆、无拉线转角水泥单杆及拉线转角水泥单杆）及钢管杆（含直线钢管杆及耐张钢管杆）在各气象区导线型号选取、导线适用档距、安全系数及允许最大直线转角角度见表 4-18；10kV 水泥双杆（含拉线直线水泥双杆及拉线转角水泥双杆）在各气象区导线型号选取、导线适用档距、安全系数及允许最大直线转角角度见表 4-19；10kV 窄基塔在各气象区导线型号选取、导线适用档距、安全系数及允许最大直线转角角度见表 4-20。

（8）同杆架设的 380/220V 各气象区导线型号选取、导线适用档距、安全系数及允许最大直线转角角度见表 4-18。

表 4-18　　10kV 水泥单杆及钢管杆导线型号选取、适用档距、安全系数
及允许最大直线转角角度

导线分类	适用档距（m）	导线型号	安全系数			导线允许最大直线转角角度（°）
			A 区	B 区	C 区	
10kV 绝缘导线	$L \leqslant 80$	JKLYJ-10/50	3.0	3.0	3.0	15
		JKLYJ-10/70	4.0	3.5	3.5	15
		JKLYJ-10/95	4.5	4.0	4.0	15
		JKLYJ-10/120	5.5	5.0	5.0	15
		JKLYJ-10/150	6.0	5.0	5.0	12
		JKLYJ-10/185	6.0	5.0	5.0	10
		JKLYJ-10/240	6.5	5.0	5.0	8

导线分类	适用档距（m）	导线型号	安全系数			导线允许最大直线转角角度（°）
			A 区	B 区	C 区	
10kV 裸导线	L≤80	JL-120	6.0	5.0	5.0	15
		JL-150	6.0	5.0	5.0	12
		JL-185	6.5	5.0	5.0	10
		JL-240	7.0	5.5	5.0	8
	L≤120	JL/G1A-50/8	7.5	6.0	6.0	15
		JL/G1A-70/10	8.5	7.0	7.0	15
		JL/G1A-95/15	10.5	8.5	8.5	15
		JL/G1A-120/20	10.0	8.5	8.5	12
		JL/G1A-150/20	10.0	8.0	8.0	10
		JL/G1A-185/25	11.0	8.5	8.5	8
		JL/G1A-240/30	12.0	10.0	10.0	8

表 4-19　　　10kV 水泥双杆导线型号选取、适用档距、安全系数及

允许最大直线转角角度

导线分类	适用档距（m）	导线型号	安全系数			导线允许最大直线转角角度（°）
			A 区	B 区	C 区	
10kV 裸导线	L≤250	JL/G1A-50/8 *	3~4.5			0
		JL/G1A-70/10 *	3~4.5			0
		JL/G1A-95/15 *	3~4.5			0
		JL/G1A-120/20 *	3~4.5			0
		JL/G1A-150/20 *	3~4.5			0
		JL/G1A-185/25	3.5~4.5			0
		JL/G1A-240/30	4~4.5			0

注　表中打"＊"处表示各地在使用 10kV 直线水泥双杆过程中需严格控制 K_v 值取值（垂直档距与水平档距比值），根据当地所属气象区及各种规格导线最小 K_v 值取。

二、杆型的选取与使用

（一）直线单杆

不同的线路要用不同的杆型。在线路的直线段，一般使用直线单杆，不使用拉线。根据气象区、使用档距、导线截面、回路数等不同使用条件，将直线杆型分为 13 种，即 Z-Ⅰ、Z-M、Z-N、2Z-M、2Z-N、2Z-O、2Z-T、

3Z-N、3Z-O、3Z-T、4Z-N、4Z-O、4Z-T，详见表 4-21。

表 4-20　　　　　　　10kV 窄基塔导线型号选取、适用档距、安全系数及

允许最大直线转角角度

导线分类	适用档距（m）	导线型号	安全系数			导线允许最大直线转角角度（°）
			A 区	B 区	C 区	
10kV 绝缘导线	$L \leqslant 80$	JKLYJ-10/50	3.0	3.0	3.0	8 (12)
		JKLYJ-10/70	4.0	3.5	3.5	6 (10)
		JKLYJ-10/95	4.5	4.0	4.0	4 (8)
		JKLYJ-10/120	5.5	5.0	5.0	3 (6)
		JKLYJ-10/150	6.0	5.0	5.0	2 (5)
		JKLYJ-10/185	6.0	5.0	5.0	1 (4)
		JKLYJ-10/240	6.5	5.0	5.0	0 (3)
10kV 裸导线	$L \leqslant 80$	JL-120	6.0	5.0	5.0	3 (6)
		JL-150	6.0	5.0	5.0	2 (5)
		JL-185	6.5	5.0	5.0	1 (4)
		JL-240	7.0	5.5	5.0	0 (3)
	$L \leqslant 120$	JL/G1A-50/8	7.5	6.0	6.0	8 (12)
		JL/G1A-70/10	8.5	7.0	7.0	6 (10)
		JL/G1A-95/15	10.5	8.5	8.5	4 (8)
10kV 裸导线	$L \leqslant 120$	JL/G1A-120/20	10.0	8.5	8.5	3 (6)
		JL/G1A-150/20	10.0	8.0	8.0	2 (5)
		JL/G1A-185/25	11.0	8.5	8.5	1 (4)
		JL/G1A-240/30	12.0	10.0	10.0	0 (3)

注　（ ）外的数值为 A、C 区导线允许最大直线转角度数，（ ）内的数值为 B 区导线允许最大直线转角度数。

表 4-21　　　　　　　10kV 直线水泥单杆参数表

序号	杆塔名称	杆型代号	主杆型号	开裂检验弯矩（kN·m）
1	Z-I	Z-I-10	Φ190×10×I×G	24.15
2	Z-M	Z-M-12	Φ190×12×M×G	58.50
		Z-M-15	Φ190×15×M×G	73.50
3	Z-N	Z-N-12	Φ230×12×N×G	68.25
		Z-N-15	Φ230×15×N×G	85.75
		Z-N-18	Φ230×18×N×G	106.75
4	2Z-M	2Z-M-15	Φ190×15×M×G	73.50

续表

序号	杆塔名称	杆型代号	主杆型号	开裂检验弯矩（kN·m）
5	2Z-N	2Z-N-15	Φ230×15×N×G	85.75
		2Z-N-18	Φ230×18×N×G	106.75
6	2Z-O	2Z-O-18	Φ270×18×O×BY	122.00
7	2Z-T	2Z-T-15	Φ350×15×T×BY	183.75
		2Z-T-18	Φ350×18×T×BY	228.75
8	3Z-N	3Z-N-18	Φ230×18×N×G	106.75
9	3Z-O	3Z-O-18	Φ270×18×O×BY	122.00
10	3Z-T	3Z-T-18	Φ350×18×T×BY	228.75
11	4Z-N	4Z-N-18	Φ230×18×N×G	106.75
12	4Z-O	4Z-O-18	Φ270×18×O×BY	122.00
13	4Z-T	4Z-T-18	Φ350×18×T×BY	228.75

1. 杆型代号说明

直线单杆杆型代号含义如下：

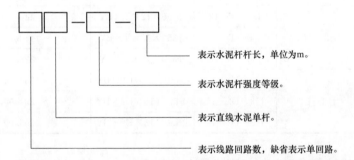

表示水泥杆杆长，单位为m。

表示水泥杆强度等级。

表示直线水泥单杆。

表示线路回路数，缺省表示单回路。

例如型号 2Z-N-15 含义为：2 表示回路（此项缺省表示单回路）；Z 表示直线水泥单杆；N 表示水泥杆强度等级；15 表示水泥杆杆长为 15m。

2. 主杆型号说明

直线单杆主杆型号含义如下：

例如型号 Φ190×15×M×G 含义为：Φ190 表示水泥杆梢径；15 表示水泥杆杆长为 15m；M 表示水泥杆强度等级；G 表示钢筋混凝土电杆。

（二）无拉线转角水泥单杆

无拉线转角水泥杆主要用于受地形条件限制无法设置拉线的区域。根据气象区、使用档距、导线截面、回路数等不用使用条件，将无拉线转角水泥杆型分为 J19-M，J27-O，J35-T 和 J43-U2 四种，详见表 4-22。

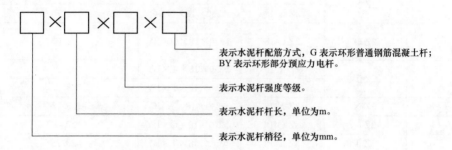

表示水泥杆配筋方式，G 表示环形普通钢筋混凝土杆；BY 表示环形部分预应力电杆。

表示水泥杆强度等级。

表示水泥杆杆长，单位为 m。

表示水泥杆梢径，单位为 mm。

表 4-22　　　　　10kV 无拉线转角水泥单杆参数表

序号	杆型名称	杆型代号	主杆型号	开裂检验弯矩
1	J19—M	J19—M—12	Φ190×12×M×G	58.50
		J19—M—15	Φ190×15×M×G	73.50
2	J27—O	J27—O—12	Φ270×12×O×BY	78.00
		J27—O—15	Φ270×15×O×BY	98.00
3	J35—T	J35—T—12	Φ350×12×T×BY	146.25
		J35—T—15	Φ350×15×T×BY	183.75
		J35—T—18	Φ350×18×T×BY	228.75
4	J43—U2	J43—U2—12	Φ430×12×U2×BY	234.00
		J43—U2—15	Φ430×15×U2×BY	294.00
		J43—U2—18	Φ430×18×U2×BY	366.00

无拉线转角水泥单杆杆型代号含义如下：

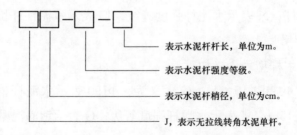

表示水泥杆杆长，单位为 m。

表示水泥杆强度等级。

表示水泥杆梢径，单位为 cm。

J，表示无拉线转角水泥单杆。

例如型号 J35-T-18 含义为：J 表示无拉线转角水泥单杆，35 表示梢径为 350mm，强度等级为 T 级，杆长为 18m。

（三）拉线转角水泥单杆

拉线转角水泥单杆主要用于线路的转折点，使用拉线来平衡导线的张力。根据气象区、使用档距、导线截面、回路数等不用使用条件，将无拉线转角水泥杆型分 34 种，详见表 4-23。

4-23 　　　　　　　　　　　　　10kV 拉线转角水泥单杆参数表

序号	杆型种类	杆型名称	杆型代号	拉线（根/组）	是否带低压
1	单回拉线直线转角水泥单杆	ZJ－I	ZJ－I－10	2/	否
2		ZJ－M	ZJ－M－12	2/	否
			ZJ－M－15	2/	否
3		ZJ－M－D	ZJ－M－D－12	1/1	是
			ZJ－M－D－15	1/1	是
4	单回拉线单排耐张转角水泥单杆	NJ1A－I	NJ1A－I－10	1/2	否
5		NJ1B－I	NJ1B－I－10	3/	否
6		NJ1A－M	NJ1A－M－12	1/2	否
			NJ1A－M－15	1/2	否
7		NJ1A－M－D	NJ1A－M－D－12	3/2	是
			NJ1A－M－D－15	3/2	是
8		NJ1B－M	NJ1B－M－12	3/	否
			NJ1B－M－15	3/	否
9		NJ1B－M－D	NJ1B－M－D－12	5/	是
			NJ1B－M－D－15	5/	是
10	单回拉线双排耐张转角水泥单杆	NJ2A－I	NJ2A－I－10	/2	否
11		NJ2B－I	NJ2B－I－10	2/	否
12		NJ2A－M	NJ2A－M－12	/2	否
			NJ2A－M－15	/2	否
13		NJ2A－M－D	NJ2A－M－D－12	2/2	是
			NJ2A－M－D－15	2/2	是
14		NJ2A－N－D	NJ2A－N－D－12	2/2	是
			NJ2A－N－D－15	2/2	是
15		NJ2B－M	NJ2B－M－12	2/	否
			NJ2B－M－15	2/	否
16		NJ2B－M－D	NJ2B－M－D－12	4/	是
			NJ2B－M－D－15	4/	是
17	单回拉线双排耐张转角水泥单杆	NJ2B－N－D	NJ2B－N－D－12	4/	是
			NJ2B－N－D－15	4/	是

续表

序号	杆型种类	杆型名称	杆型代号	拉线（根/组）	是否带低压
18	单回拉线直线耐张水泥单杆	ZNA－I	ZNA－I－10	2/2	否
19		ZNB－I	ZNB－I－10	4/	否
20		ZNA－M	ZNA－M－12	2/2	否
			ZNA－M－15	2/2	否
21		ZNA－M－D	ZNA－M－D－12	4/2	是
			ZNA－M－D－15	4/2	是
22		ZNB－M	ZNB－M－12	4/	否
			ZNB－M－15	4/	否
23		ZNB－M－D	ZNB－M－D－12	6/	是
			ZNB－M－D－15	6/	是
24	单回拉线终端水泥单杆	DA－I	DA－I－10	/1	否
25		DB－I	DB－I－10	1/	否
26		DA－M	DA－M－12	/1	否
			DA－M－15	/1	否
27		DA－M－D	DA－M－D－12	1/1	是
			DA－M－D－15	1/1	是
28		DB－M	DB－M－12	1/	否
			DB－M－15	1/	否
29		DB－M－D	DB－M－D－12	2/	是
			DB－M－D－15	2/	是
30	双回拉线直线转角水泥单杆	2ZJ－M	2ZJ－M－15	1/1	否
31	双回拉线单排耐张转角水泥单杆	2NJ1－M	2NJ1－M－15	5/	否
32	双回拉线双排耐张转角水泥单杆	2NJ2－N	2NJ2－N－15	2/2	否
33	双回拉线直线耐张水泥单杆	2ZN－M	2ZN－M－15	4/2	否
34	双回拉线终端水泥单杆	2D－M	2D－M－15	1/1	否

拉线转角水泥单杆杆型代号含义如下：

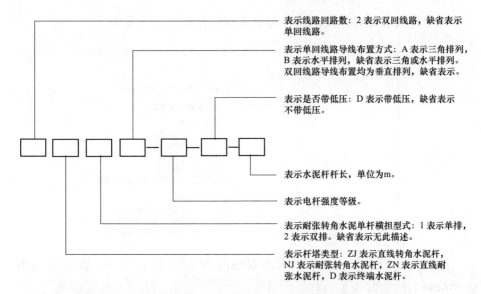

表示线路回路数：2 表示双回线路，缺省表示单回线路。

表示单回线路导线布置方式：A 表示三角排列，B 表示水平排列，缺省表示三角或水平排列。双回线路导线布置均为垂直排列，缺省表示。

表示是否带低压：D 表示带低压，缺省表示不带低压。

表示水泥杆杆长，单位为m。

表示电杆强度等级。

表示耐张转角水泥单杆横担型式：1 表示单排，2 表示双排。缺省表示无此描述。

表示杆塔类型：ZJ 表示直线转角水泥杆，NJ 表示耐张转角水泥杆，ZN 表示直线耐张水泥杆，D 表示终端水泥杆。

（四）拉线直线水泥双杆及拉线转角水泥双杆

拉线水泥双杆主要用于丘陵、山区等要求较大档距的单回线路。不考虑同杆架设低压，最大使用档距为 250m，其参数见表 4-24。

表 4-24　　　　　　拉线直线水泥双杆及拉线转角水泥双杆参数表

序号	杆型种类	杆型名称	杆型代号	是否带低压
1	单回拉线直线水泥双杆	ZS—M	ZS—M—12	否
			ZS—M—15	否
			ZS—M—18	否
2	单回 0°~10°拉线耐张转角水泥双杆	NJS1—N	NJS1—N—12	否
			NJS1—N—15	否
3	单回 10°~30°拉线耐张转角水泥双杆	NJS2—N	NJS2—N—12	否
			NJS2—N—15	否
4	单回 30°~60°拉线耐张转角水泥双杆	NJS3—N	NJS3—N—12	否
			NJS3—N—15	否
5	单回 60°~90°拉线耐张转角水泥双杆	NJS4—N	NJS4—N—12	否
			NJS4—N—15	否
6	单回拉线终端水泥双杆	DS—N	DS—N—12	否
			DS—N—15	否

拉线直线水泥双杆及拉线转角水泥双杆杆型代号含义如下：

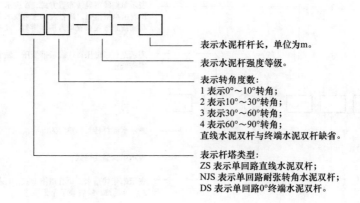

表示水泥杆杆长，单位为 m。

表示水泥杆强度等级。

表示转角度数：
1 表示 0°～10°转角；
2 表示 10°～30°转角；
3 表示 30°～60°转角；
4 表示 60°～90°转角；
直线水泥双杆与终端水泥双杆缺省。

表示杆塔类型：
ZS 表示单回路直线水泥双杆；
NJS 表示单回路耐张转角水泥双杆；
DS 表示单回路 0°终端水泥双杆。

例如型号 ZS-M-12 表示：水泥双杆间距 3m，杆长 12m，强度等级为 M 级的单回路直线水泥双杆。

型号 NJS1-N-15 表示：水泥双杆间距 3m，杆长 15m，强度等级为 N 级，转角度数为 0°～10°的单回路耐张转角水泥双杆。

型号 DS-N-15 表示：水泥双杆间距 3m，杆长 15m，强度等级为 N 级的单回路 0°终端水泥双杆。

（五）直线钢管杆

直线钢管杆仅用于单、双回路的跨越。不考虑同杆架设低压，最大使用水平档距为 80m，垂直档距为 120m。该杆型共有单回直线钢管杆和双回直线钢管杆 2 种，详见表 4-25。

表 4-25　　　　　　　　直线钢管杆分类表

序号	直线钢管杆名称	杆型名称	杆型代号	锥度
1	单回直线钢管杆	GZ23	GZ23—19	1：65
			GZ23—22	1：65
2	双回直线钢管杆	G2Z25	G2Z25—19	1：65
			G2Z25—22	1：65

直线钢管杆杆型代号含义如下：

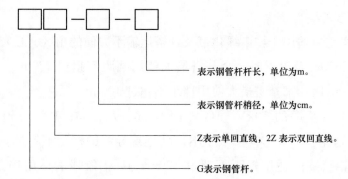

表示钢管杆杆长，单位为m。

表示钢管杆梢径，单位为cm。

Z表示单回直线，2Z表示双回直线。

G表示钢管杆。

例如型号 G2Z25-19 表示：杆长为 19m，梢径为 250mm，双回直线钢管杆。

（六）耐张钢管杆

耐张钢管杆适用于线路转角度数大且无法设置拉线的区域，最大使用水平档距为80m，垂直档距为100m。该杆型共有5种，杆型分类见表4-26。

表 4-26　　　　　　　　　　耐张钢管杆分类表

序号	耐张钢管杆名称	杆型名称	杆型代号	锥度
1	270mm 梢径耐张钢管杆	GN27	GN27—10	1：45
			GN27—13	1：45
2	310mm 梢径耐张钢管杆	GN31	GN31—10	1：45
			GN31—13	1：45
			GN31—16	1：40
3	350mm 梢径耐张钢管杆	GN35	GN35—10	1：35
			GN35—13	1：35
			GN35—16	1：40
4	390mm 梢径耐张钢管杆	GN39	GN39—13	1：35
			GN39—16	1：32
5	450mm 梢径耐张钢管杆	GN45	GN45—16	1：32

耐张钢管杆杆型代号含义如下：

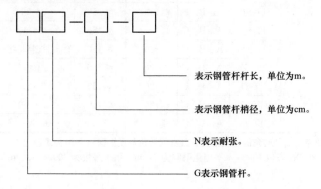

表示钢管杆杆长，单位为m。

表示钢管杆梢径，单位为cm。

N表示耐张。

G表示钢管杆。

151

（七）窄基塔

窄基塔主要适用于城市绿化带及杆塔运输不方便的山区、丘陵等地区。当海拔在 2000m 及以下时，窄基塔最大使用档距不超过 120m；当海拔在 2000～4000m 时，窄基塔最大使用档距不超过 100m。

适用于窄基塔的 10kV 导线截面有 50、70、95、120、150、185 及 240mm²。适用于 10kV 窄基塔的 JKLYJ 绝缘导线的档距不超过 80m，JL/G1A 钢芯铝绞线的适用档距不超过 120m，JL 铝绞线的适用档距不超过 80m。10kV 绝缘导线/铝绞线的窄基塔使用条件见表 4-27，10kV 钢芯铝绞线的窄基塔使用条件见表 4-28。

表 4-27　　　　适用于 10kV 绝缘导线/铝绞线的窄基塔使用条件表

导线型号	回路	塔名	气象区	水平档距（m）	垂直档距（m）	转角度数（°）	是否同塔架设低压线
JKLYJ-10/240 及以下绝缘导线 或 JL-240 及以下铝绞线	双回	ZJT-SZ	A、B、C	≤80	≤120	0*	否
		ZJT-SJ1	A、B、C	≤80	≤120	0～30	否
		ZJT-SJ2	A、B、C	≤80	≤120	30～60	否
		ZJT-SJ3	A、B、C	≤80	≤120	60～90 兼 0 终端	否
	单回	ZJT-Z	A、B、C	≤80	≤120	0*	否
		ZJT-J1	A、B、C	≤80	≤120	0～30	否
		ZJT-J2	A、B、C	≤80	≤120	30～60	否
		ZJT-J3	A、B、C	≤80	≤120	60～90 兼 0 终端	否

* 如直线塔需要考虑直线转角的使用情况，其直线转角角度根据表 4-20 需求确定。

表 4-28　　　　适用于 10kV 钢芯铝绞线的窄基塔使用条件表

导线型号	回路	塔名	气象区	水平档距（m）	垂直档距（m）	转角度数（°）	是否同塔架设低压线
JL/G1A—240/30 及以下钢芯铝绞线	双回	ZJT-SZ	A、B、C	≤120**	≤150	0*	否
		ZJT-SJ1	A、B、C	≤120**	≤150	0～30	否
		ZJT-SJ2	A、B、C	≤120**	≤150	30～60	否
		ZJT-SJ3	A、B、C	≤120**	≤150	60～90 兼 0 终端	否
	单回	ZJT-Z	A、B、C	≤120**	≤150	0*	否
		ZJT-J1	A、B、C	≤120**	≤150	0～30	否
		ZJT-J2	A、B、C	≤120**	≤150	30～60	否
		ZJT-J3	A、B、C	≤120**	≤150	60～90 兼 0 终端	否

* 如直线塔需要考虑直线转角的使用情况，其直线转角角度根据表 4-20 需求确定。

** 用于海拔为 2000m 及以下时，水平档距限制为 120m；用于海拔为 2000～4000m 时，水平档距限制为 100m。

三、金具、绝缘子选用及防雷与接地

1. 10kV 金具选用要求

金具类型包括悬垂线夹、耐张线夹、接续金具、连接金具和保护金具，附表二提供了 10kV 配电线路常用金具表供参照。

（1）悬垂线夹用于架空线路直线杆塔上导地线的安装固定及非直线杆塔上跳线的固定。根据回转轴中心与导线轴线之间的相对位置关系，悬垂线夹可分为中心回转式、下垂式及上扛式；根据悬垂线夹对导线握力值要求，可分为固定型、滑动（释放）型及有限握力型等。本书采用固定型中心回转式悬垂线夹。

（2）耐张线夹用于架空线路耐张杆塔上导地线终端的固定及杆塔拉线终端的固定。耐张线夹按其结构和安装方式可分为压缩型、螺栓型和楔形等。

（3）接续金具用于导线与导线、导线与接地线等连接，包括预绞式接续条、接续管、并沟线夹、H 型线夹、C 型线夹、J 型线夹、弹射楔形线夹、绝缘穿刺线夹及接地线夹等类型。导线的承力型接续可采用压缩型或预绞式等形式，钢芯采用搭接或对接方式。非承力型接续可采用压缩型、预绞式和楔形等形式。

（4）连接金具用于绝缘子与杆塔横担铁件、绝缘子与耐张线夹等连接，包括联塔金具、联板、球头挂环、碗头挂板、延长环、直角环及平行挂板等类型。

（5）防护金具用于导地线的机械防护，包括防振锤、重锤和护线条等。本书采用防震锤和铝包带。

2. 绝缘子选用

绝缘子按结构分为柱式绝缘子、悬式（盘形、棒式）绝缘子和拉线绝缘子，按材料可分为瓷绝缘子和合成绝缘子等，按功能可分为防雷绝缘子和防污绝缘子等。

（1）根据导线类型和最大使用拉力、地区所处海拔和环境污秽等级，

在国家电网公司配电网建设改造标准物料目录和物资标准物料库内选用适用的绝缘子类型及数量。

（2）绝缘子及绝缘子串选用按海拔最高至 4000m 考虑，共分为 1000m 及以下、1000~2500m、2500~4000m 三种情况；环境污秽等级划分参照 GB 50061-2010《66kV 及以下架空电力线路设计规范》附录 B 架空电力线路环境污秽等级标准，按 a~e 级考虑，并归类为 a、b、c 级，d 级及 e 级三种情况。

（3）10kV 直线单杆宜采用线路柱式瓷绝缘子，柱式合成绝缘子可根据地区运行经验选用，窄基塔不采用悬垂绝缘子串。

（4）10kV 直线双杆采用由 2~3 片交流悬式盘形瓷绝缘子或 1 根交流悬式棒形复合绝缘子、悬垂线夹和匹配的连接金具组成的 10kV 悬垂绝缘子串，如图 4-54 所示，重要交叉跨越时应采用双固定方式。

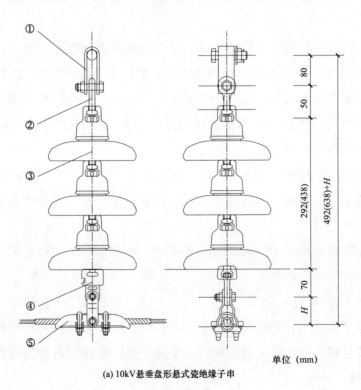

单位（mm）

(a) 10kV悬垂盘形悬式瓷绝缘子串

图 4-54　10kV 悬垂绝缘子串图例（一）

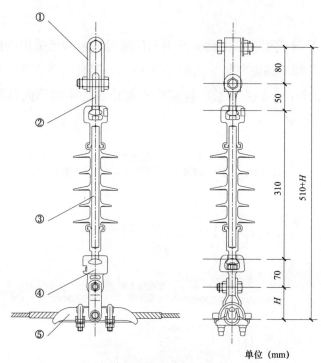

单位（mm）

(b) 10kV悬垂棒形悬式复合绝缘子串

图 4-54   10kV悬垂绝缘子串图例（二）

图 4-54 中悬垂绝缘子串配置情况见表 4-29。

表 4-29   悬垂绝缘子串配置表

编号	名称	数量	公称高度（mm）		
①	U 型挂环，UB-10 悬垂绝缘子串配置表	1	80		
②	球头挂环，QP-7	1	50		
③	盘形悬式瓷绝缘子	2～3	292（438）		
	棒型悬式复合绝缘子	1	310		
④	碗头挂板，W-7	1	70		
⑤	悬垂线夹	1	H	X6G-2	82
				X6G-3	102
				X6G-4	110

（5）10kV 耐张杆采用由 2～3 片交流悬式盘形瓷绝缘子或 1 根交流悬式棒形瓷（复合）绝缘子、耐张线夹和匹配的连接金具组成的 10kV 导线

耐张串。

（6）10kV 导线耐张串中耐张线夹与绝缘导线连接可采用剥皮安装（如图 4-55 所示）和不剥皮安装（如图 4-56 所示）两种安装方式。多雷地区宜采用剥皮安装方式，剥皮安装时裸露带电部位须加绝缘罩或包覆绝缘带保护，并做防水处理。

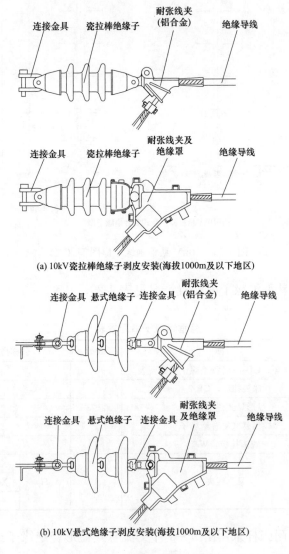

图 4-55　剥皮安装示意图

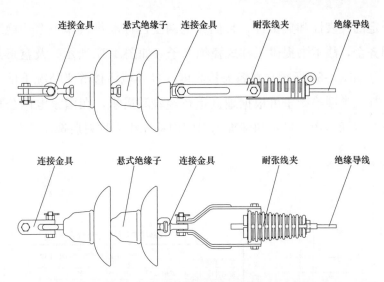

图 4-56　不剥皮安装示意图
（10kV 悬式绝缘子不剥皮安装，用于海拔 1000m 及以下地区）

（7）10kV 配电线路常用绝缘子参照附表一 10kV 配电线路常用绝缘子表选用。表格使用前应核对物料，应以使用时所查询的国家电网公司配电网建设改造标准物料目录和物资标准物料库内的物料为准。

3. 中、高海拔地区 10kV 绝缘子选用

（1）随着海拔逐渐增高，大气压力随之下降，空气密度也同步减少。中、高海拔地区由于气压低、空气密度小，使得处于这些地区线路的绝缘子或绝缘子串实际放电电压低于标准气象条件下的放电电压，故在中、高海拔地区线路的绝缘配合设计时须进行气象条件修正，以保障中、高海拔地区线路的安全运行。

（2）中、高海拔地区线路绝缘子的爬电距离、结构高度及片数确定应根据 10kV 线路经过地区的海拔和环境污秽等级，按工频电压下所要求的泄漏比距初步选定绝缘子片数和绝缘子长度，再根据操作过电压和雷电过电压进行校核和复核。中、高海拔地区绝缘子应根据 Q/GDW 13001-2014《国家电网公司物资采购标准　高海拔外绝缘配置技术规范》相关技术要求选取。

（3）因柱式瓷绝缘子及悬式盘形瓷绝缘子在我国大部分地区广泛使用，

具有一定的代表性和典型性，且国家电网公司标准物料库中上述绝缘子规格系列齐全，故本书提供了柱式瓷绝缘子（如图 4-57 所示）及盘形悬式瓷绝缘子（如图 4-58 所示）在各海拔高度、各环境污秽等级情况下的选用配置表。其他类型绝缘子可根据地区运行经验和需求，在国家电网公司配电网建设改造标准物料目录和标准物料库内补充相应物料后选用。

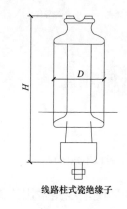

线路柱式瓷绝缘子

线路柱式瓷绝缘子特性表

绝缘子参数 \ 绝缘子型号	R5ET105L	R12.5ET125N	R12.5ET150N
雷电冲击受电压耐受值/kV	105	125	150
工频湿耐受电压有效值/kV	40	50	65
最小公称爬电距离/mm	360	400	534
最小弯曲破坏负荷/kN	5	12.5	12.5
公称总高H/mm	283	305	336
最大公称直径D/mm	125	160	170

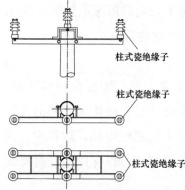

柱式瓷绝缘子

柱式瓷绝缘子

柱式瓷绝缘子

线路柱式瓷绝缘子配置表

污区等级 \ 绝缘子型号 \ 海拔	1000m及以下	1000~2500m	2500~4000m
a、b、c	R5ET105L	R12.5ET125N	R12.5ET150N
d	R12.5ET125N (R12.5ET150N)	R12.5ET125N (R12.5ET150N)	R12.5ET150N
e	R12.5ET150N	R12.5ET150N	R12.5ET150N

说明：1. 绝缘子配置按海拔高度分类范围值上限考虑。
2. 海拔2500m及以下、d污区等级地区瓷绝缘单位爬电距离取3.4～4.0时选用（）内型号绝缘子。
3. 本图为典设推荐的线路柱式瓷绝缘子选型,各地可根据地区实际需求在配电网建设改造标准物料目录范围内调整选型。

图 4-57　10kV直线柱式瓷绝缘子选用配置表

4. 防雷与接地

10kV绝缘导线线路防雷推荐采用以下四种方式：①防雷绝缘子；②带间隙的氧化锌避雷器；③线路直连氧化锌避雷器；④架空地线。

（1）防雷绝缘子。防雷绝缘子根据用途可分为用于直线杆和用于耐张杆两种类型。用于直线杆的防雷绝缘子在绝缘子两端安装放电金具和引弧

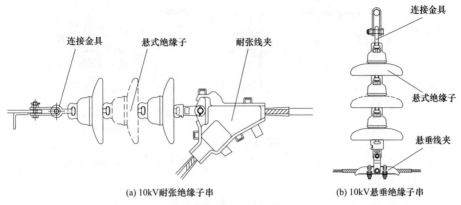

(a) 10kV耐张绝缘子串　　　　　　　　(b) 10kV悬垂绝缘子串

盘形悬式瓷绝缘子选用配置表

绝缘子片数 海拔 污区等级	1000m及以下	1000~2500m	2500~4000m
a、b、c	2片	2片	3片
d	2片	2片	3片
e	2片	2片	3片

说明：1.图例绝缘子采用球窝型盘形悬式瓷绝缘子(国网物料名称:盘形悬式瓷绝缘子，U70B/146，
255，146，320)，也可采用槽型盘形悬式瓷绝缘子(国网物料名称：盘形悬式瓷绝缘子
U70C/146，255，146，320)替换。
2.绝缘子配置按海拔分类范围值上限考虑。
3.本图为典设推荐的盘形悬式瓷绝缘子选型，各地可根据地区实际需求在配电网建设改造
标准物料目录范围内调整选型。

图 4-58　10kV 耐张或悬垂盘形悬式瓷绝缘子选用配置表

金具组成固定放电间隙，放电金具内段绝缘导线剥皮处理（如图 4-59 所示），建议每 3 基左右电杆加 1 处接地，多雷区应逐基加接地。用于耐张杆的防雷绝缘子在绝缘子两端分别安装放电金具和引弧金具组成固定放电间隙，耐张线夹内段绝缘导线剥皮处理，建议每基电杆加 1 处接地。当雷电过电压闪络后，工频短路电流在放电金具与引弧金具之间燃烧，保护绝缘导线免受损伤。

（2）带间隙的氧化锌避雷器。避雷器与线路柱式瓷绝缘子并联安装，架空绝缘导线通过引弧环或引弧棒与避雷器顶端保持合适的间隙，其下端与绝缘子底部连接并与接地极相连。线路遭遇雷击时，由于防雷装置伏秒特性低于线路绝缘子的伏秒特性，串联间隙优先放电，避雷器本体发挥作用，限制雷电过电压幅值，并迅速切断工频续流，避免绝缘子闪络或击穿，保护绝缘导线的正常运行（如图 4-60 所示）。每基电杆应加 1 处接地。

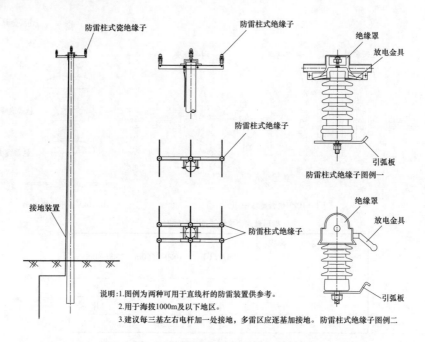

说明:1.图例为两种可用于直线杆的防雷装置供参考。
2.用于海拔1000m及以下地区。
3.建议每三基左右电杆加一处接地,多雷区应逐基加接地。

图 4-59　10kV 绝缘导线防雷装置图例（1）

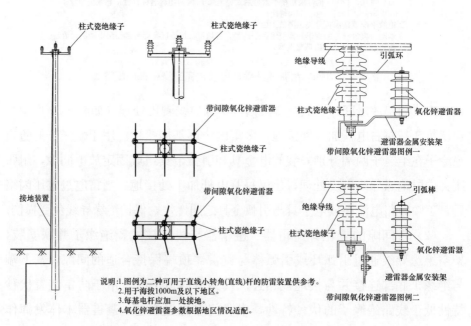

说明:1.图例为二种可用于直线小转角(直线)杆的防雷装置供参考。
2.用于海拔1000m及以下地区。
3.每基电杆应加一处接地。
4.氧化锌避雷器参数根据地区情况适配。

图 4-60　10kV 绝缘导线防雷装置图例（2）

（3）线路直连氧化锌避雷器。线路通过引线与氧化锌避雷器连接，利用氧化锌避雷器的非线性电阻特性和快速阻断工频续流的特性限制雷电过电压。该防雷方式通常只能保护本杆设备，每基电杆应加 1 处接地。

（4）架空地线。架空地线架设于导线上方，可有效减少雷电直击导线概率及降低雷电在导线上引起的雷电感应过电压。架空地线对边导线的保护角宜采用 20°～30°，规格一般采用 35mm² 镀锌钢绞线。每基电杆应加 1 处接地。因架空地线应用覆盖区域和应用场景有限，本书未考虑相应装置选型，允许设计人员在选用典型设计现有杆型时加装地线支架、调整杆头形式，并重新校验、调整杆身强度、电气间隙等相关参数以满足使用要求。

钢管杆和窄基塔可利用杆（塔）身接地，水泥杆可通过杆外外敷接地引下线接地或与杆身接地螺母直接连接接地。接地引下线两端与其他装置应有可靠的电气连接。接地装置选型及布置形式可根据各地区使用需求并结合运行经验确定。

四、柱上设备

10kV 架空线路柱上设备主要包括柱上开关（柱上断路器、柱上负荷开关、柱上隔离开关、跌落式熔断器）、电缆引下装置、柱上无功补偿装置、柱上高压计量装置等。

柱上设备一般适用范围如下：

（1）柱上断路器、柱上负荷开关在线路有电压，有负载时切断线路及转换线路时使用；为实现停电检修时形成明显断开点，柱上断路器、柱上负荷开关（无隔离刀、内置隔离刀）可与柱上隔离开关配合使用；作为分段、分界、联络类开关使用时，一般需加装柱上隔离开关。

（2）柱上隔离开关在线路有电压、无负载时切断线路时使用，可与柱上开关（无隔离刀、内置隔离刀）配合使用；未带明显断开点的开关电源侧宜加装隔离开关。

（3）跌落式熔断器是 10kV 配电线路分支线和配电变压器最常用的一种短路保护开关，安装于 10kV 配电线路和配电变压器一次侧，在设备投、切操作时提供保护。

（4）电缆引下装置用于线路进、出线及分支。根据电缆线路的不同情况，分为经跌落式熔断器引下、经隔离开关引下、经柱上断路器引下三种形式。

（5）柱上无功补偿装置用于改善电网供电电压、提高功率因数、降低线路损耗，主要适用于户外长距离输配电线路，补充线路无功损耗，提高并稳定线路末端电压，改善线路供电质量。

（6）柱上高压计量装置用于用户侧或电源侧与电网之间电能计量。

不同柱上设备常用功能见表 4-30。

表 4-30 柱上设备功能表

设备	功能
隔离开关	适用 10kV 单回分支线路（配变数量不大于 3 台的）
跌落式熔断器	适用 10kV 单回分支线路（配变数量不大于 3 台的）
断路器（内置隔离刀）	适用 10kV 单回线路分支、分界、分段、联络
	适用 10kV 双回线路分界、分支、分段
断路器（外置隔离刀）	适用 10kV 单回线路分支、分界、分段、联络
	适用 10kV 单回线路电缆分支
	适用 10kV 双回线路分界、分支、分段
断路器（无隔离刀）	适用 10kV 单回线路分支、分界、分段、联络
	适用 10kV 双回线路分界、分支、分段、联络
电容器	改善电网供电电压、提高功率因数、降低线路损耗
断路器、高压计量箱	适用于用户侧或电源侧与电网之间进行电能计量

五、杆上配电自动化终端及配套装置

柱上配电自动化终端及配套设施主要包括 FTU（馈线终端，应用于柱上设备的配电终端）、TV（电压互感器）、后备电源、故障定位装置、故障指示器、配套控制线缆接插件等。采用光纤通信时，需配置光缆通信箱（含 ONU 或以太网交换机、光配、熔接包等）、余缆架；采用无线通信时，通常由终端内置无线通信模块。

1. 柱上配电自动化终端及配套装置各部分功能

（1）FTU 安装在配网架空线路杆塔等处，采集架空线路正常运行和故障时的运行信息，通过光纤或无线通信网络上传至主站。FTU 按照功能分为"三遥"终端和"二遥"终端两大类型,其中"二遥"终端又可分为基本型终端、标准型终端和动作型终端。主要功能包括:状态量、模拟量监测功能,相间短路及单相接地故障检测及处理功能,远方控制功能,通信功能,运行参数及动作参数整定功能,自检和自恢复功能。

(2) TV(电压互感器)正常运行情况下为 FTU 提供工作电源,并为操作电压为交流 220V 的柱上开关提供操作电源,或通过 FTU 整流为操作电压为直流的柱上开关提供操作电源,同时对后备电源进行充电;当配电线路出现故障情况时,由后备电源供电。

(3) 光缆通信箱(含 ONU 或以太网交换机、光配、熔接包等)、余缆架用于光纤通信网络的组网、光缆的开断、引下、余缆缠绕。

(4) 配电线路故障定位装置安装在配电线路上,用于监测线路运行参数,检测各类短路、接地故障,向远方主站上送监测信息和故障检测数据。

(5) 故障指示器具备检测架空线路的短路、接地故障功能,实现本地报警,可借助"二遥"基本型馈线终端,将采集的信号上传至主站,实现"二遥"功能。

(6) "三遥"馈线终端应具有电能计量功能模块,计算监测点正向和反向有功电量以及四象限无功电量。

2. 馈线终端及馈线自动化应用场景

(1) 城市中心、供电能力要求极高的 A+、A 类区域主要采用集中型或部分就地型馈线自动化方式,采用"三遥"馈线终端;重要分支以及用户分界点采用"二遥"动作型馈线终端。

(2) 市区、城镇中心等 B 类区域主要采用集中型或就地型重合器馈线自动化方式,采用"三遥"馈线终端或"二遥"馈线终端;重要分支以及用户分界点采用"二遥"动作型馈线终端。

(3) 城镇、农村、牧区等 C、D、E 类宜采用就地型重合器馈线自动化方式,采用"二遥"馈线终端;故障多发、长线路分支以及用户分界点采用"二遥"动作型馈线终端。

(4) 一般性节点、故障多发线路可采用配电线路故障定位装置,实现短路、接地故障的快速定位。

（5）馈线终端的结构形式有罩式馈线终端和箱式馈线终端，可根据现场实际情况选择。宜优先设计选用户外防护等级高、耐候性强、尺寸小、安装方便的罩式结构馈线终端。

（6）馈线终端应用场景见表 4-31。

表 4-31　　　　　　　　　　馈线终端应用场景

供电区域	应用场景	馈线终端类型
A+	线路分段、联络等关键节点	"三遥"馈线终端
	重要分支以及用户分界点	"二遥"动作型馈线终端
A	线路分段、联络等关键节点	"三遥"馈线终端
	重要分支以及用户分界点	"二遥"动作型馈线终端
B	联络开关和特别重要的分段	"三遥"馈线终端
	重要分支以及用户分界点	"二遥"动作型馈线终端
	普通分段开关	"二遥"标准型馈线终端
C	重要分支以及用户分界点	"二遥"动作型馈线终端
	其他柱上开关	"二遥"标准型馈线终端
D	重要分支以及用户分界点	"二遥"动作型馈线终端
	具备保护延时级差配合条件的馈线分段开关	"二遥"动作型馈线终端
	其他柱上开关	"二遥"标准型馈线终端
E	—	"二遥"基本型馈线终端

六、耐张及分支杆引线布置

（1）各型号 10kV 导线架设于水泥单杆、钢管杆、水泥双杆及窄基塔时允许最小耐张转角角度参照表 4-18～表 4-20。

（2）根据线路架设及运行需要，直线或小转角单杆可增设分段耐张装置。单水泥杆及采用活动横担的钢管杆线路当线路转角 45°以下时采用单排横担布置方式，线路转角 45°及以上时采用双排横担布置方式。采用固定横担的钢管杆线路均采用单排横担布置方式。

（3）多回路同杆水平排列线路的上层线路原则上考虑供电线路后段负荷，因此本书设计中仅列出最下层线路支接装置。

（4）支接装置分为无熔断器、有熔断器及有真空开关三种方式，可向任意方向支接，本书设计中仅示出向右90°方向的装置。

（5）所有支接装置均能适用于裸导线或绝缘导线支接线路安装。

（6）导线连接应采用与导线规格相匹配的接续金具连接，不应采用绑扎方式。

（7）10kV耐张双杆跳线采用跳线绝缘子，若采用跳线绝缘子串请自行设计并校验电间隙等相关参数。

（8）10kV引下线跳线绝缘子应采用柱式绝缘子，不再采用瓷横担绝缘子。

任务四　10kV配电变台部分典型设计

【任务描述】

本任务主要讲解10kV配电变台典型设计内容。

【知识描述】

10kV配电变台的设计对象包括国家电网公司系统内10kV柱上变压器台，包括10kV三相柱上变压器台、10kV单相柱上变压器台、线路调压器。

在10kV配电变台典型设计中，柱上变压器台典型设计共3个方案。

10kV配电变台方案编号原则按照第一位代表类型，第二位代表户内、户外，第三位代表方案编号，具体如下：

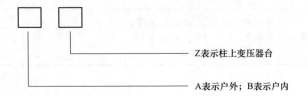

Z表示柱上变压器台

A表示户外；B表示户内

一、10kV柱上变压器台典型设计技术方案组合

10kV柱上变压器台典型设计技术方案组合详见表4-32。

1. ZA-1模块

ZA-1为柱上三相变压器台，变压器容量选择为50～400kVA，安装方式为双杆等高，10kV 侧采用电缆或架空绝缘线引下，低压综合配电箱采用悬挂式安装。

2. ZA-2 模块

ZA-2 为柱上单相变压器，变压器容量选择为 10～100kVA，安装方式为单杆，节能型变压器采用低损耗、全密闭、油浸式单相变压器，并采取防盗措施；10kV 侧采用跌落式熔断器；220kV 侧采用带空气断路器的低压开关箱。

3. ZA-3 模块

ZA-3 为线路调压器，采用全密封、油浸式调压变压器，容量为1000～4000kVA；10kV 侧采用柱上真空断路器，安装方式为台式。

表 4-32　　　　　　　　10kV 柱上变压器台典型设计技术方案组合

方案	变压器	主要设备安装要求	无功补偿	安装方式
ZA-1	50～400kVA（三相）	10kV 侧采用电缆或架空绝缘线引下，低压综合配电箱采用悬挂式安装，进线采用架空绝缘导线或相应载流量的电缆，出线可采用架空绝缘导线或电缆引出	无功补偿按以下原则配置：200～400kVA 变压器无功补偿按 120kVar 容量配置；200kVA 以下变压器无功补偿不配置或按 60kVar 容量配置，实现无功需量自动投切，按需配置配电智能终端	双杆等高
ZA-2	10～100kVA（单相）	节能型变压器：低损耗、全密闭、油浸式单相变压器，并采取防盗措施；10kV 侧：跌落式熔断器；220V 侧：带空气断路器的低压开关箱	无无功补偿，按需配置配电智能终端	单杆
ZA-3	线路调压器	全密封、油浸式调压变压器，容量为 1000～4000kVA；10kV 侧：柱上真空断路器		台式

二、10kV 柱上变压器台设计总体说明

(一) 电气一次部分

1. 电气主接线

柱上变压器台电气主接线采用单母线接线，出线 1～3 回。进线选择熔

断器式隔离开关，出线开关选用断路器，线路调压器串接在线路中。

2. 主要设备选择

变压器电气主接线应根据变压器供电负荷、供电性质、设备特点等条件确定，电气主接线应综合考虑供电可靠性、运行灵活性、操作检修方便、节省投资、便于过渡和扩建等要求。

3. 10kV 柱上变压器

10k 柱上变压器的选择应遵循以下两点：

（1）柱上三相变压器台容量选择不超过 400kVA。应有合理级差，容量规格不宜太多，柱上单相变压器容量为 10～100kVA。

（2）选用高效节能型变压器，宜采用油浸式、全密封、低损耗油浸式变压器。

对于低压综合配电箱，应做到空间满足 400kVA 及以下容量配变的 1回进线、3 回出线、计量、无功补偿、配电智能终端等功能模块安装要求。箱体外壳优先选用不锈钢材料，也可选用纤维增强型不饱和聚酯树脂材料（SMC）。

对于低压开关箱，空间满足计量、配电智能终端等功能模块安装要求，配电智能终端还需满足线损统计需求，实现双向有功、功率计算功能；根据选用的接地系统一般配置塑壳断路器或具备漏电保护功能的塑壳断路器。

10kV 进线侧选用跌落式熔断器或封闭型熔断器。

低压侧进线宜选择带弹簧储能的熔断器式隔离开关，并配置栅式熔丝片和相间隔弧保护装置，出线采用断路器。

要注意熔断器短路电流水平按 8/12.5kA 考虑，其他 10kV 设备短路电流水平均按 20kA 考虑。

4. 10kV 线路调压器

10kV 线路调压器安装点选择在 10kV 线路上，高压电压越电压上限或电压下限处为调压器的安装点。

户外高压真空断路器设备应采用带隔离开关的户外高压真空断路器，真空断路器与隔离开关之间应有机械闭锁装置，设备的短路电流水平按

20kA 考虑。

避雷器选用复合外套金属氧化物避雷器。

电源变压器容量应满足分接开关操作及采样需要，低压侧选用空气断路器或刀熔式开关。

（二）电气二次部分

1. 电能计量

电能计量装置按如下原则配置：

（1）电能计量装置选用及配置应满足 DL/T 448—2000《电能计量装置技术管理规程》和 GB/T 50063—2008《电力装置的电测量仪表装置设计规范》规定。

（2）互感器采用专用计量二次绕组。

（3）计量二次回路不得接入与计量无关的设备。

2. 自动装置配置

配电自动化配置应遵循"标准化设计，差异化实施"原则。

配电自动化终端配置应在一次网架设备的基础上，根据负荷水平和供电可靠性需求、地区需求合理配置集中、分布或就地式自动化终端。

应充分利用现有设备资源，因地制宜地做好通信配套建设，合理选择通信方式。

柱上变压器台的低压综合配电箱中已预留配电自动化位置，自动化装置需满足线损统计需求，实现双向有功、功率计算功能。

任务五　配电网抗台抗灾差异化设计

≫【任务描述】

本任务主要介绍配电网设备及 10kV 架空线路抗台抗灾差异化设计内容。

≫ 【知识描述】

一、配电网设备抗台抗灾差异化设计

配电设备提升目的在于面临洪涝灾害时降低设备被淹及被洪水冲毁的可能。

台风期间短时降水量大，部分配电站房被淹；部分山区杆变虽满足设计标高（2.5m），然而由于水位远超杆变高度，造成设备受损。针对设备受淹的情况可以采取以下补强措施：

（1）严禁配电站房设置在地下室，配电设备基础标高、低压分接箱和表箱安装高度应高于 50 年一遇洪水水位和历史最高内涝水位。

（2）对于历史最高内涝水位较高地区，户外预装式变电站、环网箱基础无法抬升至 50 年一遇洪水水位和历史最高内涝水位以上的地势低洼地区，应采用配电变台、配电室、环网室，必要时将配电室或环网室设置于地上二层。

（3）对易因水位急剧升高而淹没的杆上变压器，如有条件建议优先选择地势较高位置布置，其次再考虑加高杆上变压器台架高度，台架变压器槽钢对地面距离应保持 3.4m 以上。

（4）配电站房内中压开关柜采用气体绝缘开关柜；箱体防护等级应采用 IP67，在易受台风影响地区，推荐采用 IP68 及以上。

配电网设备抗台抗灾差异化设计提升如表 4-33 所示，部分配电设备在台风侵袭时受洪水冲刷，造成配电设备受损。配电网线路长、运行环境复杂多样，在遭遇强台风袭击时，线路周边的树木、构筑物等容易发生倾倒坍塌，台风吹起的大块异物、洪水卷带的漂流物、泥石流等，均易对电力线路设备造成破坏。线路路径选择及设备设计选址宜避开容易发生外力破坏的区域；尽量与大型林木或高危构筑物保持一定距离；尽量避开易遭受山体滑坡、泥石流的山体边缘地带、易遭受洪水冲刷的坡度地形低洼区域，以及泄洪时正对水流流向直面冲击的区域，当无法避免时，可采取基础防

冲刷设计、防漂流物撞击设计等防护措施。尽量避免配电设备布置于泄洪排洪廊道区。在易发生内涝、洪水的区域，提高杆上变压器支撑杆设计、施工标准，如有条件建议优先选择地势较高位置布置。易受台风侵袭范围内的普通地区和洪涝灾害严重地区应做差异化设计要求，精准提升设备抗台抗灾能力。

表 4-33　　　　　　　　　配电网设备抗台抗灾差异化设计表

		普通地区	洪涝灾害严重地区
配电站房		禁止设在地下室	设于地面二层及以上
环网箱基础标高		按典型设计要求（60cm）	≥50 年一遇洪水位及历史最高内涝水位
预装式变电站基础标高		按典型设计要求（50cm）	≥50 年一遇洪水位及历史最高内涝水位
柱上变台	低压综合配电箱对地高度	按典型设计要求（220cm）	≥50 年一遇洪水位及历史最高内涝水位
	水泥杆要求	杆高原则上为 12、15m 两种。部分变压器容量需求小且增长速度较慢的农村、山区可选用 10m 等高杆	采用 15m 或 18m 双杆型标准台架（防涝），采用钢管杆基础（防洪水冲击）
挂墙式低压分接箱安装高度		按典型设计要求（1.5m）	

二、10kV 架空线路抗台抗灾差异化设计

为增强 10kV 架空配电线路抵抗冰灾和风灾的能力，依据《国家电网公司配电网工程典型设计（2017 年版）10kV 架空线路抗台抗冰分册》，10kV 架空线路典型设计内容包括 10kV 架空配电线路（含同杆架设的 380/220V 线路）的气象条件，10kV（含同杆架设的 380/220V）导线型号的选取和导线应力弧垂表，多样化杆头布置，直线水泥单杆、无拉线转角水泥单杆及拉线转角水泥单杆的选用，拉线直线水泥双杆及拉线转角水泥双杆的选用，直线钢管杆及耐张钢管杆的选用，窄基塔及宽基塔的选用，金具和绝缘子选用及防雷与接地、应用说明等。

10kV 架空线路抗台抗冰典型设计共列杆头模块 11 个、杆头型式 23 种，杆（塔）型模块 89 个、杆（塔）型 144 种。

（一）气象条件

针对覆冰灾害天气和台风灾害天气，选取 D1、D2、E1、E2、E3 五种气象区，其中 D1、D2 为台风气象区，E1、E2 为中覆冰气象区，E3 为重覆冰气象区，见表 4-34。

表 4-34　　　　覆冰灾害天气和台风灾害天气典型设计用气象区

气象区		D1	D2	E1	E2	E3
大气温度（℃）	最高	+40				
	最低	−5	−5	−20	−20	−20
	覆冰	−5				
	最大风	+10	+10	−5	−5	−5
	安装	0	0	−10	−10	−10
	外过电压	+15				
	内过电压、年平均气温	+20	+20	+10	+10	+10
风速（m/s）	最大风	40	45	30	30	30
	覆冰	10	10	15	15	15
	安装	10				
	外过电压	15	15	10	10	10
	内过电压	20	23	15	15	15
覆冰厚度（mm）		0	0	15	20	30
冰的密度（kg/m³）		0.9×103				

注　对于超出表中范围的局部气象情况，设计时需对特定气象条件进行相关计算，并对典型设计各相关内容进行校核、调整后方可使用。

（二）10kV 架空线路抗台抗灾差异化设计补强措施

（1）配网线路最大设计风速按 30 年一遇最大风速设计，并根据当地 50 年一遇最大风速（以浙江省为例，浙江电网 50 年一遇风区图如图 4-61 所示）校验导线的安全系数、杆塔弯矩和允许使用的水平档距等，校验不通过时在典型值的基础上适当缩减档距和耐张段长度。

（2）易发生台风倒杆区域、山坳区域、孤立山坡宜进行差异化防台设计，重要系数取 1.1，提高线路设计的安全等级。

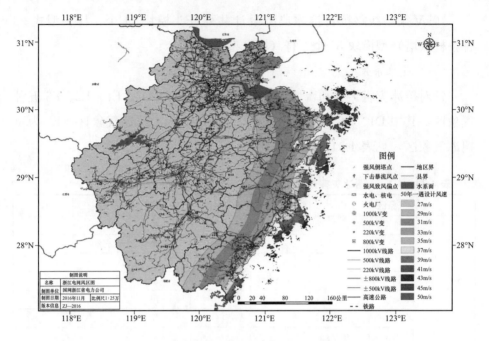

图 4-61　浙江电网风区图（50 年一遇）

（3）对于导线固定用的绑扎，10kV 线路应采用双十字绑扎法，0.4kV 线路应采用单十字绑扎法，绑线直径不应小于 2.5mm。日常运维过程中宜充分应用无人机巡检，对杆头装置、连接点、相关金具、导线绑扎等进行梳理摸排，结合检修工作及时完成隐患整治。

（4）ϕ190mm×15mM 级锥形混凝土电杆在设计基本风速 35.9m/s 以下（对应台风登陆风速 42.8m/s，12 级强台风以下），ϕ230mm×15mN 级锥形混凝土电杆在设计基本风速 38m/s 以下（对应台风登陆风速 45.4m/s，14 级强台风以下），电杆抗弯强度满足要求。必要时采用加强杆以增强抗倾覆能力。

（5）直线水泥电杆可每隔 3 基设置防风拉线。

（6）易发生内涝积水区域的直线杆，应适度加大基础埋深，在底部配置卡盘基础或钢管桩基础，以加强基础牢固性。沿海淤泥土质采用台阶式、钢管桩等基础。在实际工程中基础的选型根据现场地质条件，做具体分析，选择合适的基础类型，并重新进行验算，保证基础安全牢固。

（7）对于 30～35m/s 风区，线路终端杆及转角杆采用钢管杆，直线杆至少 5 个档距插立一基钢管杆，线路中钢管杆总占比应大于 20％；对于 35m/s 及以上风区，线路终端杆及转角杆采用钢管杆，直线杆至少 4 个档距插立一基钢管杆，线路中钢管杆总占比应大于 25％；40m/s 及以上风区按风速带进一步差异化提升钢管杆比例。

（8）对于海岛等大风速、污秽腐蚀严重的区域，不易采取防风拉线、窄基塔等抗台措施的区域，宜采用电缆敷设。

（9）对于线路更换导线改造项目，应对原有电杆强度进行验算，同步改造原线路档距、耐张段长度，以满足设计要求。

10kV 架空线路抗台抗灾差异化设计补强措施

任务六　配电网工程不停电作业线路设计

》【任务描述】

本任务主要介绍配电网工程不停电作业线路设计内容。

》【知识描述】

配电线路工程可研阶段线路通道的选择宜沿着主干道路，方便带电作业车停放作业，并考虑树障等因素对不停电作业的影响。钢管杆应预留空间便于设置柱上开关，下层横担便于接入及带电解搭头，满足带电作业电缆接入需求。

不建议采用同杆三回、四回等多回架设线路，若同杆三回、四回架设线路遇业扩工程接入及分支线路的搭接，搭接点应选在最下层的线路中。

同杆避免设置多分支线，应避免如图 4-62 所示的十字交叉形式，必要时可参考图 4-63 将 B 分支就近改接至 G1 杆。如确需由主线处搭引支线形成十字交叉的，建议 A、B 分支由一个接入点搭接至架空主线，以减少故障率，方便带电作业拆搭。不应在主线杆设置三层及以上的支线横担及搭头。主线的下方不宜安装用户开关等设备，一基杆上宜接入一组引流线，双侧分支可以考虑桥接。

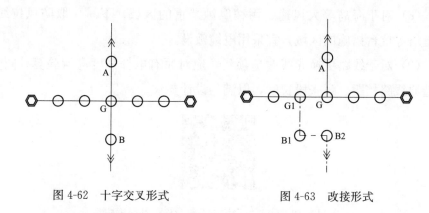

图 4-62　十字交叉形式　　　　图 4-63　改接形式

柱上开关的相邻电杆应改为耐张杆，方便配合不停电作业更换柱上开关。柱上开关安装方式建议为侧装，进线侧、出线侧方向便于作业平台作业。开关两侧和终端电缆的避雷器并线宜单独接入。

增加跌落式熔断器横担的相间间距至大于等于 500mm，跌落式熔断器与电杆的间距大于等于 400mm，可采用复合绝缘横担以增加架空线路绝缘性能。单回跌落式熔断器杆组装如图 4-64 所示。

线路装置的选型中，线-地、线-线距离应考虑满足带电作业的安全距离要求。

对于供电可靠性要求较高的配电站房、户外设备等，低压侧宜按需配置安全可靠的低压电缆快速插拔接头，以满足应急保供电需求。快速插拔接头可采用以下两种型式：

（1）对于高可靠性地区，可在站外（地面）适当区域设置应急电源/临时供电专用接入箱，站内开关柜预留相应的开关接入应急箱，以实现应急电源的快速接入。

（2）新建开关柜可考虑在进线、母联柜柜体统一设计，预留快速插拔接头；箱式变电站应安装可连接发电车的应急电源插头（接线端子），当使用发电车供电时，应急插头（接线端子）与变压器低压侧之间有可靠断口，并实现正向闭锁，防止反送电。

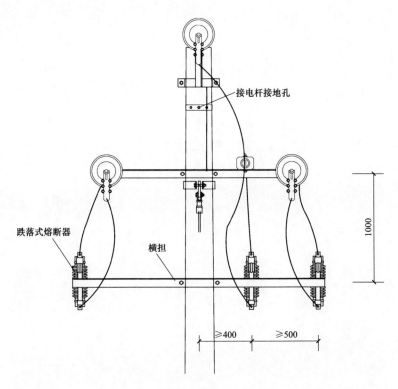

图 4-64　单回跌落式熔断器杆组装示意图

项目五

配电网设备
标准化

》【项目描述】

本项目为配电网设备标准化设计定制方案，包括 12kV 手车式开关柜标准化设计、12kV 环网柜（箱）标准化设计、低压开关柜标准化设计方案、10kV 预装式变电站标准化设计方案及配电网工程建设改造标准物料目录。

任务一 12kV 手车式开关柜标准化设计

》【任务描述】

本任务主要讲解 12kV 手车式开关柜标准化设计内容，分为主要技术参数、典型结构方案、一次接口及土建接口、二次接口、关键元器件、特殊机械联闭锁等。

》【知识描述】

一、概述

含 630A/20kA、1250A/25kA、1250A/31.5kA、2500A/31.5kA、3150A/40kA、4000A/40kA 六个参数序列，涉及架空进线柜、电缆进线柜、电缆出线柜、分段柜、隔离柜、TV 柜、所用变压器柜 7 大类典型结构方案。

二、典型结构方案

12kV 手车式开关柜典型结构方案共计 7 大类、12 小类典型结构方案。7 大类典型结构方案包括架空进线柜、电缆进线柜、电缆出线柜、分段柜、隔离柜、电压互感器（TV）柜、所用变压器变柜。其中架空进线柜含 4 小类结构方案，电缆进线柜、TV 柜各含 2 小类结构方案，电缆出线柜、分段柜、隔离柜、所用变压器变柜各 1 类结构方案。

1. 架空进线柜

（1）方案 1：架空进线柜。

（2）方案 2：架空进线柜（带线路 TV 车）。

（3）方案 3：联络＋架空进线隔离柜。

（4）方案 4：架空电缆进线柜。

2. 电缆进线柜

（1）方案 5：电缆进线柜。

（2）方案 6：电缆进线柜（带线路 TV 车）。

3. 电缆出线柜

电缆出线柜按功能可分为馈线柜、电抗器柜、电容器柜、接地变柜等。电缆出线柜为方案 7，该方案通过电缆从柜体底部出线，分支母线电流 ≤2500A，包括 3 种结构方案，即 7a 电缆出线柜、7b 电缆出线柜（带柜顶联络母线桥）、7c 电缆出线柜（带线路 TV）。

4. 分段柜

分段柜为方案 8，本方案用于母线分段，包含 2 种实现方案：方案 8a 左、右分段柜，方案 8b 左、右分段柜（带柜顶联络母线桥）。

5. 隔离柜

隔离柜为方案 9，用于母线分段，与分段柜（方案 8）配合使用，包含 9a 和 9b 两种实现方案，其中方案 9b 在方案 9a 的基础上增加了柜顶联络母线桥。

6. TV 柜

TV 柜即母线设备柜，用于监测母线电压，包括 10 和 11 两种方案，其中方案 10 中熔断器、TV 安装在中置手车上，避雷器安装在下置手车上，柜宽为 800mm；方案 11 与方案 10 的区别在于 TV 固定在电缆室安装，熔断器及避雷器安装于中置手车，柜宽为 1000mm。

7. 所用变压器变柜

所用变压器变柜为方案 12，用于变电所内低压供电。当变压器容量为 30kVA 时，柜宽为 800mm；变压器容量为 50kVA 时，柜宽为 1000mm；变压器容量为 100kVA 时，柜宽为 1200mm。

三、开关柜外形

装配完成的开关柜宽度、高度、深度应满足标准化参数要求，并符合给定的公差要求。

1. 开关柜宽度

开关柜分支母线额定电流小于等于 1250A 时，柜宽为 $8000_{-1.5}$ mm，若电缆出线柜方案带跨接母线桥，跨桥母线电流大于 1250A 时柜宽为 $10000_{-1.5}$ mm；开关柜分支母线额定电流大于 1250A 时，柜宽为 $10000_{-1.5}$ m。TV 柜宽度，当 TV 安装在中置手车上，柜宽为 $8000_{-1.5}$ mm；当 TV 固定在电缆室安装，柜宽为 $10000_{-1.5}$ mm。所用变变压器柜宽度，当变压器容量为 30kVA 时，柜宽为 $8000_{-1.5}$ mm；变压器容量为 50kVA 时，柜宽为 $10000_{-1.5}$ mm；变压器容量为 100kVA 时，柜宽为 $12000_{-1.5}$ mm。

2. 开关柜高度

柜体柜架高度（不含楣头及泄压盖板）统一为（2240±2）mm。当采用单层或双层小母线结构时，柜前高度（含小母线室）为 2360mm，其中小母线室高度为 120mm。

3. 开关柜深度（不含前后柜门）

开关柜的柜架深度（不含前后柜门）为（1450±1.5）mm、（1750±2）mm 两种。开关柜为架空进线方案时，柜深度统一为 1750mm；所用变方案（50kVA 及以下）柜深为 1450mm；所用变方案（63kVA 及以上）柜深为 1750mm；其他方案的开关柜，开关柜分支母线额定电流≥2500A，柜深度统一为 1750mm；开关柜分支母线额定电流≤1250A，柜深度统一为 1450mm。

任务二　12kV 环网柜（箱）标准化设计

》【任务描述】

本任务主要介绍 12kV 环网柜（箱）标准化设计内容，包括主要技术参数、12kV SF$_6$ 气体绝缘环网柜、12kV 环保气体绝缘环网柜、12kV 固体绝缘环网柜、12kV 常压密封空气绝缘环网柜、二次接口、关键元器件及要求、标准化设计样机试验细则等。

>> 【知识描述】

一、概述

12kV 环网柜标准化设计面向目前应用量较大的 SF_6 气体绝缘环网柜，兼顾环保气体绝缘环网柜、固体绝缘环网柜、常压密封空气绝缘环网柜的要求。

1. 额定参数

（1）额定电流。主母线额定电流为 630A，分支母线（除负荷开关-熔断器组合电器柜外）额定电流为 630A。

（2）额定短时耐受电流和持续时间。额定短时耐受电流为 20kA，额定短时耐受电流的持续时间为 3s。

（3）燃弧故障等级、电流及时间。燃弧故障等级为 AFLR，试验电流为 20kA，短路电流持续时间大于等于 0.5s。

2. 设备选型

12kV 环网柜分为单元柜、共箱型方案。户内安装宜选用单元柜方案，户外环网箱或预装式变电站内可选用共箱型或单元柜方案。

3. 标准化原则

对于单元柜型式的环网柜，针对同一结构方案，统一环网柜外形尺寸、扩展母线位置及连接型式、地脚尺寸等通用要求。对于共箱型的环网柜，满足环网箱及内部柜体整体更换。

二、12kV SF_6 气体绝缘环网柜

1. 典型结构方案

12kV SF_6 气体绝缘环网柜含单元柜方案和共箱型方案，其中单元柜共计 4 类方案，包括电缆连接柜、负荷开关-熔断器组合电器柜、TV 柜、断路器柜。

2. 一次接口及土建接口

（1）柜宽。电缆连接单元柜宽为 375mm；断路器、组合电器单元柜宽为 420mm；带隔离开关 TV 单元柜宽（底框架）为 600mm；共箱柜宽度不作要求。

（2）柜深。定义底框架深度，柜深为750mm，最大外形（投影距离）≤850mm。

（3）柜高。柜体高度（含仪表箱、含顶扩母线）为1950mm。柜前看，柜体高度（不含仪表箱）为1600mm，仪表箱高为350mm。一次电缆接线高度断路器柜、电缆连接单元柜一次电缆接线高度不小于650mm，组合电器柜一次电缆接线高度不小于500mm。

（4）仪表箱。仪表箱高为350mm，电缆连接单元方案宽度为375mm，断路器、组合电器方案为420mm，TV方案为600mm，深度（不含门）不小于280mm。

3. 环网箱

标准化设计环网箱包括4路和6路全断路器方案两种外形尺寸，且环网箱内含DTU柜、TV柜，其中，进线断路器的继电保护装置可根据需要进行选配。4路环网柜的环网箱外形如图5-1所示。其中环网箱宽度＝单元柜最大柜宽×面数＋带隔离开关TV柜宽度（600mm）＋DTU柜宽度（600mm）＋两端预留空间（各160mm）。4路环网柜的环网箱宽度为3200mm；6路环网柜的环网箱宽度为4000mm。

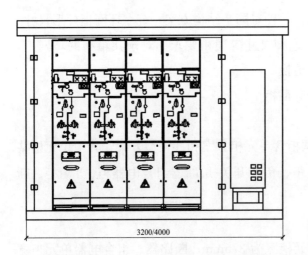
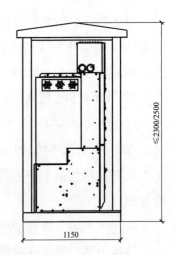

图5-1　四路环网箱外形尺寸图

环网箱深度为1150mm；金属材质环网箱高度不高于2300mm，非金属材质环网箱高度不高于 2500mm。户外环网箱（VVVV）地基接口如图 5-2 所示。

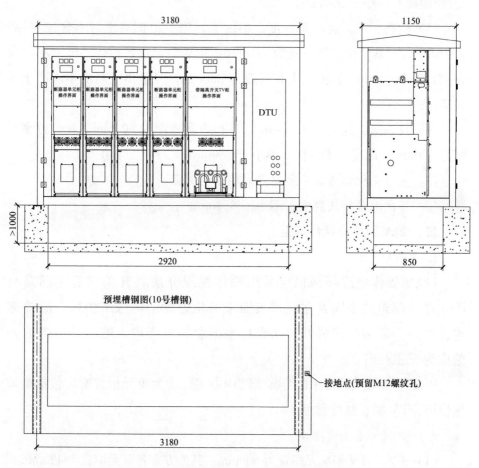

图 5-2　户外环网箱（VVVV）地基接口图

三、12kV 环保气体绝缘环网柜

1. 典型结构方案

环保气体绝缘环网柜含单元柜方案和共箱型方案，其中单元柜共计 3 类典型方案，包括电缆连接柜、TV 柜、断路器柜。

2. 一次接口及土建接口

（1）柜宽：TV 单元柜宽为 600mm，其他方案单元柜宽均为 420mm。

共箱柜宽度不作要求。

（2）柜深：定义底框架深度，各类功能单元柜深为 850mm，最大外形（投影距离）不小于 950mm。

（3）柜高：定义前框架高度。柜前看，侧扩柜体高度（不含仪表箱）为 1650mm，其中仪表箱高度为 350mm；柜后看，顶扩柜体高度（不含仪表箱）为 1600mm，其中仪表箱高度为 350mm，且上出线高度不应高于仪表箱。

（4）仪表箱：高度为 350mm，TV 柜方案宽度为 600mm，其余方案宽度为 420mm，深度（不含门）不小于 280mm。

（5）主开关灭弧方式：断路器采用真空灭弧。

（6）一次电缆接线高度：不小于 650mm。

四、12kV 固体绝缘环网柜

1. 典型结构方案

12kV 固体绝缘环网柜应采用固体绝缘介质将开关设备主回路高压元件全部包覆或固封在经过表面金属化处理的绝缘结构内，除外部连接外，全部装配完成并封闭在接地的金属外壳内。绝缘结构内的开关应为三工位开关。

固体绝缘环网柜共计 3 类典型结构方案，均为单元柜方案，包括电缆连接柜、TV 柜、断路器柜。

2. 一次接口及土建接口

（1）柜宽：TV 柜单元柜宽为 600mm，其他方案各单元柜宽为 420mm。

（2）柜深：各类功能单元柜底框架深度为 875mm，最大外形（投影距离）为 900mm。

（3）柜高：定义柜体外形高度（含仪表室、顶扩母线），各柜型柜体高度为 1700mm。

（4）仪表箱：高度为 350mm，TV 柜方案宽度为 600mm，其余方案宽度为 420mm，深度（不含门）不小于 280mm。

（5）主开关灭弧方式：采用真空灭弧方式。

（6）一次电缆接线高度：不小于 650mm。

五、12kV 常压密封空气绝缘环网柜

1. 典型结构方案

常压密封空气绝缘环网柜含单元柜方案和共箱型方案，其中单元柜共计 3 类方案，包括电缆连接柜、TV 柜、断路器柜。

2. 一次接口及土建接口

（1）柜宽：TV 柜单元柜宽为 600mm，其他方案单元柜宽为 460mm。共箱柜宽度不作要求。

（2）柜深：各类功能单元柜深为 670mm，最大外形（投影距离）不大于 770mm。

（3）柜高：针对侧扩方式，柜体高度（不含仪表箱）为 1640mm，其中仪表箱高度为 350mm

（4）仪表箱：高度为 350mm，宽度为 460mm，深度（不含门）不小于 280mm。

（5）主开关灭弧方式：断路器采用真空灭弧。

（6）一次电缆接线高度：不小于 650mm。

任务三　低压开关柜标准化设计方案

≫【任务描述】

本任务主要介绍低压开关柜标准化设计内容，包括典型结构方案、一次接口及土建接口、二次接口与仪表门布置、产品型号与标识说明、主要元器件参数规格、关键部件要求等。

≫【知识描述】

在标准化定制低压开关柜的方案设计方面，针对低压开关柜的结构方案、一次接口、二次接口、土建接口、主要元器件参数等进行了规范统一。设计时精简柜型，取消了固定柜，将母线电流规格精简为 1.250、2.000、2.500A 三档，馈线方案按功能归类为四种；在一次接口及土建接口部分，精简系统方案及配置要求，实现功能配置、柜体并柜的统一，满足互换性要求；对二次原理、二次接口、二次标识进行了规范，使现场人员在施工接线及运维操作中更安全、更高效；对主要元器件技术参数进行了统一，实现功能性改进，并为未来低压配电网智能化管理预留接口。

低压开关柜的典型结构方案共计 4 大类 8 小类。其中 4 大类为进线柜、母联柜、馈线柜、无功功率补偿柜。8 小类为进线、母联柜各 1 类；馈线柜 4 类；无功功率补偿柜 2 类。

一、进线柜（方案 1）

进线柜（方案 1）分为左进线、右进线两种方案，如图 5-3 所示。

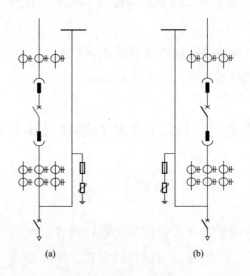

图 5-3　进线柜（方案 1）

（a）左进线；（b）右进线

二、母联柜（方案 2）

母联柜（方案 2）分为左母联、右母联两种方案，如图 5-4 所示。

三、馈线柜（方案 3～方案 6）

1. 馈线柜 1（方案 3）

适用于两路框架断路器左右安装方案（2×630A），如图 5-5 所示。

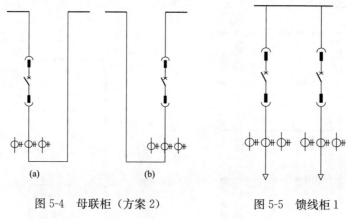

图 5-4　母联柜（方案 2)

（a）左母联；（b）右母联

图 5-5　馈线柜 1

（方案 3）

2. 馈线柜 2（方案 4）

适用于三路框架断路器上中下安装方案（3×630A），如图 5-6 所示。

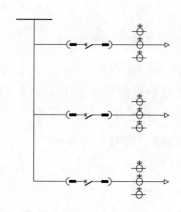

图 5-6　馈线柜 2（方案 4）

3. 馈线柜 3（方案 5）

适用于六路塑壳断路器安装方案（4×400＋2×250A），如图 5-7

所示。

4. 馈线柜 4（方案 6）

适用于四路塑壳断路器上下左右安装方案（4×630A），如图 5-8 所示。

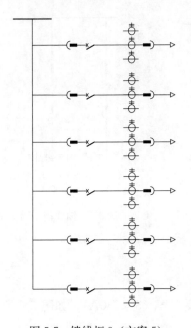

图 5-7　馈线柜 3（方案 5）

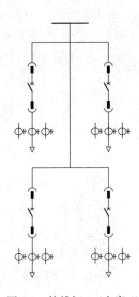

图 5-8　馈线柜 4（方案 6）

四、无功功率补偿柜（方案 7、方案 8）

1. 无功功率补偿柜 1（方案 7）

本方案中 SVG 按各运行单位需求选用，如图 5-9 所示。

2. 无功功率补偿柜 2（方案 8）

本方案采用智能电容器，如图 5-10 所示。

五、通用参数

1. 无功功率补偿柜的主开关

可选择刀熔开关或塑壳断路器。塑壳断路器保护功能应选用电子式，安装方式可选用固定式或插拔式。主开关额定电流按单台无功功率补偿柜总容量选取，变压器容量、补偿容量与主开关及分支排对应关系见表 5-1。

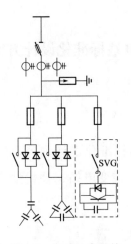

图 5-9　无功功率补偿

柜 1（方案 7）

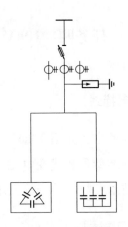

图 5-10　无功功率

补偿柜 2（方案 8）

表 5-1 　　　　　　　　　补偿容量与主开关及分支排对应关系

变压器额定容量（kVA）	500	630	800	1000	1250
无功功率补偿总容量（kvar）	150	200	240	300	360
主开关最小额定电流（A）（刀熔开关或塑壳断路器可选）	400	400	630	800	800
分支排规格（mm）	6×30		10×40	10×40（塑壳断路器）10×50（刀熔开关）	

注　无功功率补偿总容量由电容器总容量和 SVG 总容量两部分组成。

2. SLVA 低压开关柜外形尺寸

SLVA 低压开关柜高度为 2200mm（含楣头），楣头与框架柜顶平齐；柜体深度为 800mm（不含前后门板）；柜体表面采用喷塑工艺，颜色为 RAL7035。不同方案的 SLVA 低压开关柜宽度尺寸见表 5-2。

表 5-2 　　　　　　　　　SLVA 低压开关柜宽度尺寸

名称	进线柜	母联柜	馈线柜				无功功率补偿柜	
	方案 1	方案 2	方案 3	方案 4	方案 5	方案 6	方案 7	方案 8
柜宽（mm）	1000、900、700		1000、900	800、700	1000	800	1000	

注　各需求方可根据站房土建设计要求，结合断路器选型、内部结构特殊要求等情况，按表 5-2 选择合适的柜体宽度，但同一站房内，进线柜与母联柜宽度应保持一致；同一方案的馈线柜宽度应保持一致。

任务四　10kV 预装式变电站标准化设计方案

》【任务描述】

本任务主要介绍 10kV 预装式变电站标准化设计内容，包括主要技术参数及标准型预装式变电站、紧凑型预装式变电站、替代型预装式变电站的主要技术参数、外壳等要求。

》【知识描述】

本任务标准化定制方案都是 10kV 欧式预装式变电站设计方案，包括标准型、紧凑型、替代型三种类型。其中，标准型适用于设备允许占地面积充裕，供电负荷重要的区域；紧凑型适用于安装空间受限的街道等、供电负荷重要程度一般的区域；替代型为过渡性方案，仅适用于替换在运且存在安全运行隐患的美式预装式变电站设备。基于此，本方案给出预装式变电站的标准化外形及土建尺寸，如设备在现场出现问题后，可通过整体起吊方便直接更换其他厂家设备，实现预装式变电站整体通用互换。同时给出预装式变电站的布置方案、高压柜组合方案、高低压室的布置、箱体表面材料处理工艺及防凝露等措施，各制造企业产品的内部结构可差异化设计。

一、主要技术参数

1. 系统情况

（1）系统额定频率：50Hz。

（2）高压侧电压：10kV。

（3）低压侧电压：0.4kV。

（4）高压侧设备最高电压：12kV。

（5）系统中性点接地方式：10kV 系统为中性点非有效接地，如经消弧线圈接地或小电阻接地；0.4kV 系统为直接接地。

2. 主变压器容量

10kV 预装式变电站容量包括 400、500、630kVA 三种。

3. 进出线规模

10kV 预装式变电站采用 10kV 进线 1～2 回，出线 1 回。预装式变电站整体外形按照 10kV 进线 2 回，出线 1 回进行标准化设计。根据主变压器容量，0.4kV 可相应设置 4～6 回出线。

4. 设备短路电流水平

10kV 电压等级设备短路电流水平不小于 20kA；0.4kV 电压等级设备短路电流水平不小于 30kA。

5. 无功补偿装置

按照无功补偿容量为主变压器容量的 10％～30％进行配置。

二、标准型预装式变电站

10kV 标准型预装式变电站标准化设计依据以下原则：按照最大外形，变压器容量 630kVA、环网型方案进行标准化设计，兼容变压器容量 400kVA、500kVA、终端型方案；同时金属、非金属材质箱体外形统一，实现标准型预装式变电站整体通用互换。

1. 典型结构方案

标准型预装式变电站包括环网型低计、终端型低计 2 种典型结构方案。0.4kV 低压侧为三相五线制接线，包括单独设置中性线（N）、保护线（PE），N 和 PE 在预装式变电站内相互连接。如采用三相四线制，则仅保留 PEN 线。高压侧出线柜若为断路器柜，应加装 TA，TA 布置在断路器下侧；若高压侧出线柜为组合电器柜，则取消 TA。其中上隔离方案适用于 SF_6 气体绝缘环网柜、环保气体绝缘环网柜、固体绝缘环网柜、常压密封空气绝缘环网柜，下隔离方案适用于 SF_6 气体绝缘环网柜、常压密封空气绝缘环网柜。以下原理图以共箱型 SF_6 气体绝缘环网柜为例。低压柜中主进断路器上侧为计量 TA，下侧为测量 TA 和采样 TA（3 只）。

（1）环网型低计。环网型低计为方案 1。此方案中高压柜由 2 路断路器柜、1 路组合电器柜组成，原理图如图 5-11 所示。为兼顾环保型产品的选择，可将出线组合电器柜换为断路器柜。

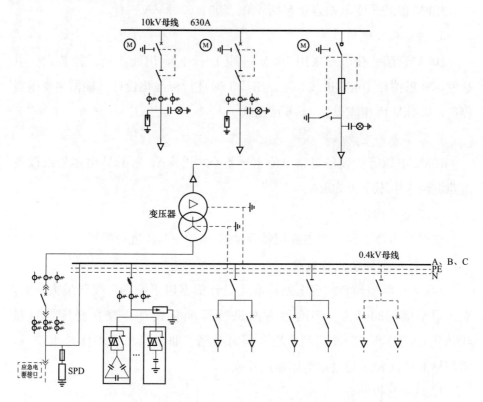

图 5-11　高压侧进线断路器柜（配上隔离）出线柜组合电器柜原理图

（2）终端型低计。终端型低计为方案 2。此方案中高压柜由 1 路负荷开关柜、1 路组合电器柜组成。预装式变电站整体外形尺寸与方案 1 环网型低计相同，将方案 1 中的 1 路进线负荷开关柜作为选配，预留安装尺寸。为兼顾环保型产品的选择，可将出线组合电器柜换为断路器柜。原理图如图 5-12 所示。

2. 布置类型

采用目字形布置，其中组合电器柜（断路器柜）位置固定，应安装在靠近 DTU 柜一侧。布置方案如图 5-13 所示。

3. 高压柜

高压柜可采用 SF$_6$ 气体绝缘、环保气体绝缘、固体绝缘环网柜、常压密封空气绝缘环网柜。高压柜的泄压通道方向应朝向电缆沟。

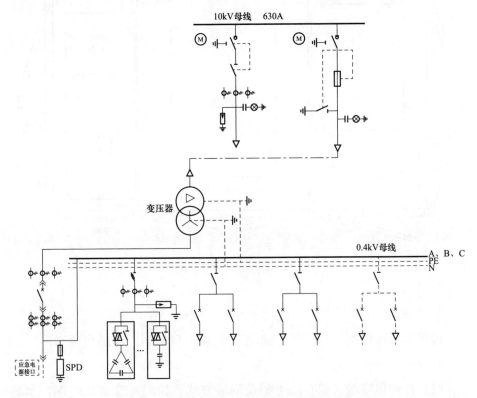

图 5-12　高压柜为负荷开关柜＋组合电器柜原理图

标准型预装式变电站中环网柜仅包含 2 路和 3 路方案。对于环网型产品，为适应配电自动化需要，将环网柜两路进线负荷开关单元统一改为断路器单元方案，断路器单元的综合保护装置可根据实际应用需求选配；出线可选用断路器单元或组合电器单元方案。对于终端型产品，为保证检修情况下的电缆安全可靠接地并兼顾经济性，进线统一选用负荷开关单元，出线可选用断路器单元或组合电器单元方案。

可采用以下组合的共箱型方案或通过单元柜组合成以下方案，其中负荷开关间隔英文缩写为 C、断路器间隔为 V、组合电器间隔为 F。方案如下：

1）2 路：CV、CF。

2）3 路：VVF、VVV。

193

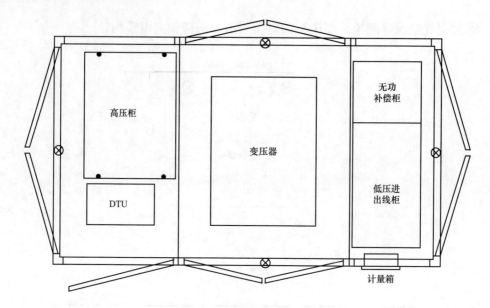

图 5-13 欧变布置方案示意图

4. 变压器

选用节能环保型、全密封、油浸式变压器（硅钢片/非晶合金）。

5. 低压部分

（1）自动化终端（如有）类型及安装方式。如配置自动化终端，预装式变电站内部空间应满足可安装 DTU 公共单元独立二次柜。

（2）低压元件安装方式。建议统一采用柜式组屏安装。

（3）低压侧电流电压表。低压进线侧应设置电流电压表。

（4）低压侧主母线。容量为 400kVA 时，低压侧主母线额定电流建议采用 800A，规格 TMY-80mm×6mm；容量为 500kVA 时，低压侧主母线额定电流建议采用 1000A，规格为 TMY-80mm×8mm；容量为 630kVA 时，低压侧主母线额定电流建议采用 1250A，规格为 TMY-80mm×10mm。

（5）低压侧主进断路器。采用抽出式框架断路器。

（6）计量方式。采用低计方式。

（7）低压侧 TA。计量 TA 安装于低压室，应进行铅封。测量、采样 TA 安装在主进断路器下侧。低压侧 TA 参数如表 5-3 所示。

表 5-3　　　　　　　　　　　**低压侧 TA 参数表**

变压器容量 （kVA）	计量、测量、采样 TA 变比	计量 TA 准确级	测量 TA 准确级	采样 TA 准确级
630	1200/5	0.5s	0.5	0.5
500	1000/5	0.5s	0.5	0.5
400	800/5	0.5s	0.5	0.5

（8）计量表安装位置。推荐箱体内嵌式或低压室安装，不允许外挂。内部含计量表、集中器、智能配变终端（如有）。

（9）低压出线路数及额定电流。容量为 400kVA 时，采用 4 路出线，各出线额定电流及回路建议采用 2×400A＋2×250A；容量为 500kVA 时，采用 6 路出线，各出线额定电流及回路建议采用 2×400A＋4×250A；容量为 630kVA 时，采用 6 路出线，各出线额定电流及回路建议采用 2×630A＋4×400A。

（10）低压侧出线断路器。为塑壳断路器，采用固定式板前接线方式，并对电缆搭接点等裸露带电部位进行遮挡。

（11）低压侧中性线和保护线。低压侧中性线、保护线布置在低压柜前下侧；低压侧中性线与低压侧主母线的规格相同，低压侧保护线的截面面积不小于 TMY－40mm×5mm。

（12）无功补偿总开关。采用刀熔开关。其中：容量为 400kVA 时，熔芯额定电流采用 250A；容量为 500kVA 时，熔芯额定电流采用 315A；容量为 630kVA 时，熔芯额定电流采用 400A。

（13）无功补偿装置及补偿容量。无功补偿装置采用智能电容，预装式变电站空间按照补偿容量为额定容量的 30％预留，推荐按照补偿容量为额定容量的 15％进行配置。补偿方式为共补加分补，建议按照 70％共补、30％分补配置电容器。

6. 预装式变电站外形

预装式变电站外形如图 5-14 所示。

三、紧凑型预装式变电站

在标准型预装式变电站的基础上删除低压侧主进开关、低压侧出线隔离开关，并将低压侧出线减少为 4 路，补偿电容器减少为不大于 4 路，补偿容量降为变压器额定容量的 15％，基于以上设计形成紧凑型预装式变电站，可用于安装施工场地空间受限的区域。

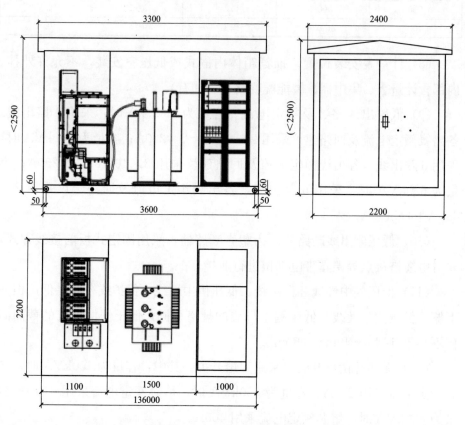

图 5-14　预装式变电站（标准型箱体）外形图

10kV 紧凑型预装式变电站标准化设计依据以下原则：

（1）环网柜的设计要求应满足《12kV 环网柜标准化设计定制方案》，该定制方案给出预装式变电站整体的结构方案、外形、其余元件的要求。

（2）按照最大外形（长度×宽度）、变压器容量 630kVA、环网型方案进行标准化设计，兼容变压器容量 400kVA、500kVA、终端型方案。400、500kVA 高度为 1900mm，630kVA 箱体高度为 2100mm。同时金属、非金属材质箱体外形统一，基于以上原则，实现紧凑型预装式变电站整体通用互换。

1. 环网型低计

环网型低计为方案 1。此方案中高压柜由 2 路断路器柜、1 路组合电器柜组成。为兼顾环保型产品的选择，可将出线组合电器柜换为断路器柜，但应注意级差配合，原理图如图 5-15 所示。

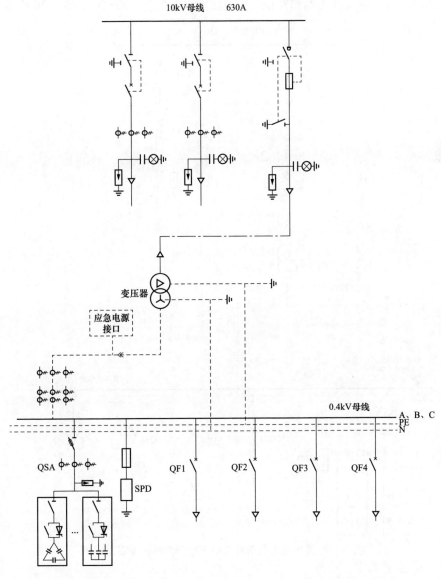

图 5-15　高压侧进线断路器柜（配上隔离）出线柜组合电器柜方案原理图

2. 终端型低计

终端型低计为方案 2。此方案中高压柜由 1 路负荷开关柜、1 路组合电器柜组成。预装式变电站整体外形尺寸与方案 1 环网型低计相同，将方案 1 中的 1 路进线负荷开关柜作为选配，预留安装尺寸。为兼顾环保型产品的选择，可将出线组合电器柜换为断路器柜，但应注意级差配合，原理图如图 5-16 所示。

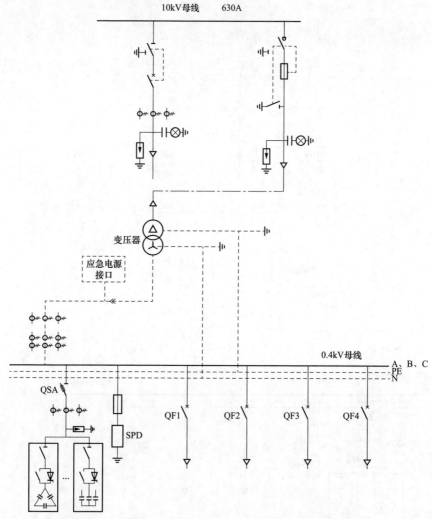

图 5-16　高压柜为负荷开关柜＋组合电器柜方案原理图

3. 布置类型

采用目字形布置，其中组合电器柜（断路器柜）位置固定，安装在高压室右侧，布置方式如图 5-17 所示。

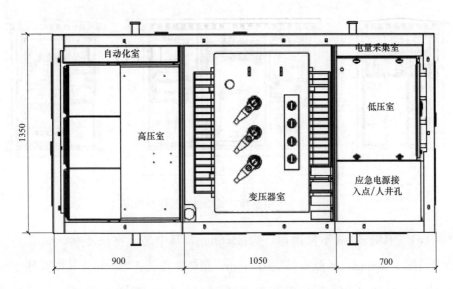

图 5-17　紧凑型预装式变电站布置图

4. 低压出线路数及额定电流

低压侧为 4 路出线，额定电流分配如下：容量为 400kVA 时，各出线额定电流及回路建议采用 2×400A＋2×250A；容量为 500kVA 时，各出线额定电流及回路建议采用 4×400A；容量为 630kVA 时，各出线额定电流及回路建议采用 4×400A。

5. 无功补偿装置及补偿容量

无功补偿装置采用智能电容，预装式变电站空间按照补偿容量为额定容量的 15％预留。补偿方式为共补加分补。

6. 预装式变电站外形

紧凑型预装式变电站典型结构设计及尺寸要求如下：

（1）金属、非金属材质箱体长度和宽度统一，预装式变电站整体满足通用互换。

（2）箱体长度（不含顶盖）为 2650mm，宽度（不含顶盖）为 1350mm，高度（含顶盖）不大于 1900mm［630kVA 箱体高度（含顶盖）

不大于 2100mm]。具体如图 5-18 所示。

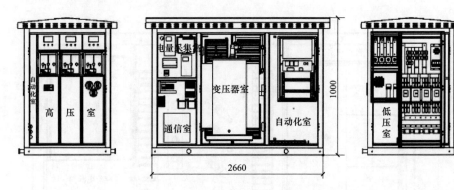

图 5-18 紧凑型预装式变电站箱体布局图

（3）箱体长度（不含顶盖）为 2650mm，其中高压室长度 900mm，变压器室长度 1050mm，低压室长度 700mm，箱体宽度为 1350mm，其中高压室深度 1150mm；低压柜与应急电源箱宽度为 1140mm，如图 5-18 所示，低压柜尺寸为 700mm×600mm×1600mm（宽度×深度×高度）；单独设置自动化室，自动化室布置在高压室左侧，尺寸为 800mm×150mm×1500mm（宽度×深度×高度）；单独设置电量采集室、通信室，其中电量采集室、通信室整体布置在低压室右侧，电量采集室与通信室上下单独布置，电量采集室尺寸为 600mm×150mm×600mm（宽度×深度×高度），通信室尺寸为 600mm×150mm×900mm（宽度×深度×高度）；单独设置应急电源接口，布置在低压柜外部左上侧，应急电源箱尺寸为 440mm×600mm×500mm（宽度×深度×高度）；单独设置无功补偿室，布置在低压柜外部左下侧，尺寸为 440mm×600mm×550mm（宽度×深度×高度）；箱体基座 100mm。

（4）预装式变电站门应有防风钩设计。

（5）高压室、变压器室、低压室不设置照明。

7. 低压柜

紧凑型预装式变电站的低压柜典型设计：低压柜总体尺寸为 700mm×600mm×1600mm（宽度×深度×高度）；不设置总进线开关；应急电源、补偿单元单独设置隔室，可拆卸；出线开关室采用单开门；应急电源室、无功补偿室单独设门。

四、替代型预装式变电站

近几年，组合式变压器（以下简称美变）多次出现运行故障及事故。经分析，美变在城市环境中应用存在安全隐患。为替换存量运行的美变，设计了替代型预装式变电站作为过渡方案，在不影响供电的情况下，利用原有基础直接进行更换。本替代型预装式变电站方案基于国家电网《配电网工程典型设计 10kV 配电站房分册》中 10kV 预装式变电站典型设计的技术条件编制，取消了低压主进线开关和出线隔离开关；替代型预装式变电站安装外形尺寸不大于原基础的最大外形尺寸；高、低压电缆孔位置与原美变高、低压电缆位置相对应。在运美变现场更换时，须首先确认原土建基础是否遮挡环网柜泄压通道，如有应对基础进行调整。

1. 布置类型

采用品字形布置，其中组合电器柜位置固定，安装在高压室最左侧，布置方式如图 5-19 所示。其中变压器室和自动化室的左右布置可根据原在运美变的靠墙布置进行改变。

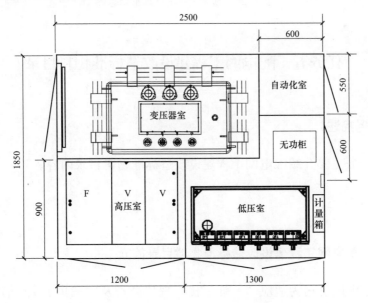

图 5-19　替代型预装式变电站平面布置方案图

2. 预装式变电站外形

替代型预装式变电站方案 1 典型结构设计及尺寸要求如下：

（1）金属、非金属材料箱体长度和宽度统一，预装式变电站整体满足通用互换。

（2）箱体长度（不含顶盖）为 2500mm，宽度（不含顶盖）为 1850mm，高度（含顶盖）不大于 1900mm [630kVA 高度（含顶盖）不大于 2100mm]，如图 5-20 所示。

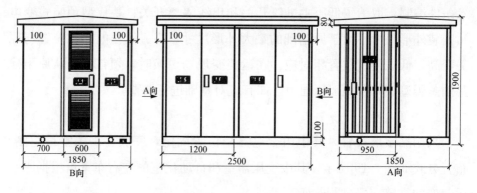

图 5-20 预装式变电站外形示意图

任务五 配电网工程建设改造标准物料目录

》【任务描述】

本任务主要介绍配电网工程建设改造标准物料目录内容。

》【知识描述】

一、配电网工程建设改造标准物料目录简介

国家电网公司为适应"一强三优"现代公司及"三集五大"体系建设需要，结合公司发展实际，以"集中、统一、精益、高效"为目标，围绕

物力资源的科学配置和高效利用，不断深化物力集约化管理，持续推进物资管理体系建设，实现了物资管理从分散到集中、从粗放到精益的转变。

自 2009 年国家电网公司物资部持续开展物资标准化建设工作以来，不断完善公司的物资采购标准，解决了公司各单位物资分类及物料主数据不一致、物资采购技术要求不规范、业务文档模板不统一等问题，实现了物料主数据、物资采购标准、管理规范及操作程序的统一，为逐步实现采购物资的标准化、序列化、通用互换奠定了基础。有效解决物资采购品种多、型号杂、技术不统一等问题，增强了电网设备的通用互换性。

为全面统一运检、物资标准物料，实现标准物料与有关技术标准、通用设备、典设方案全面对接，国家电网公司结合物料应用及发展情况对《配电网建设改造标准物料目录》进行同步更新。结合物料应用及发展情况，精简数量。落实配电网建设改造"适度超前、一步到位"的要求，在变压器容量、线缆截面等参数选择上，适当以大代小、减少中间参数，精简不常用、可靠性差和技术落后型号。面向配电网未来发展需要，适当增补成熟应用物料，提高新设备应用，促进配电网的发展。

下面以国家电网公司 2019 年发布的《配电网建设改造标准物料目录》（以下简称标准物料）为例介绍。《配电网建设改造标准物料目录》分为 10kV、示范应用、低压以及低压示范应用部分四部分，其中示范应用和低压示范应用部分为推荐使用物料，分别优选 10kV 和低压部分。其中，10kV 部分包括交流变压器、高压熔断器、交流隔离开关、开关柜（箱）、变电成套设备、电力电容器、调压器、电缆、电缆附件、导/地线、杆塔类、避雷器、绝缘子、金具、配电自动化、装置性材料共 16 类 330 种；低压部分包括架空导线、集束绝缘导线、电杆、绝缘子、避雷器、电缆分支箱、低压柱上综合配电箱、电力电缆、电缆附件、低压开关柜、金具共 11 类 262 种。

二、配电网工程建设改造标准物料目录的精简

国家电网标准物料面向国家电网公司 27 家省公司经营区发布，存在部分物料在当地无法使用或不适宜使用的情况。故各单位要结合本地区配电网建设标准，进一步精简物料种类，以提高当地配电网标准化建设水平，提升当地配电网建设改造效率和效益。

以浙江省为例，标准物料目录（2019年浙江省版）在标准物料目录（2019年国家电网版）基础上精简，生成10kV部分207种，较国家电网版330种减少123种，精简率为37％；0.4kV部分208种，较国家电网版262种减少54种，精简率为21％。

再以温州市为例，标准物料目录（2019年温州市版）在标准物料目录（2019年浙江省版）基础上精简，最终生成10kV部分97种，较浙江省版207种减少110种，精简率为53％；0.4kV部分52种，较浙江省版208种减少156种，精简率为75％。

项目六

配电网工程定额
和费用计算

》【项目描述】

为满足科学计价的要求，合理确定和有效控制配电网工程造价水平，规范配电网建设工程投资行为，维护各参与方合法权益，国家能源局颁布了《20kV及以下配电网工程定额和费用计算规定》（2016年版）。本项目主要介绍该规定的主要内容，包括建筑工程、电气设备安装工程、架空线路工程、电缆工程、通信及自动化工程五个部分。

任务一　定额适用范围

》【任务描述】

本任务主要讲解定额适用范围。

》【知识描述】

《20kV及以下配电网工程预算定额》（2016年版）（简称《定额》）共分5册，分别是：

第一册　建筑工程（上、下册）

第二册　电气设备安装工程

第三册　架空线路工程

第四册　电缆工程

第五册　通信及自动化工程

《定额》适用于20kV及以下配电站、开关站、充（换）电站以及架空线路、电缆、通信、自动化、营销系统工程。

《定额》是编制施工图预算的依据，也是编审最高投标限价、投标报价和工程结算的基础依据。

《定额》按10kV电压等级设置子目，20kV电压等级配电网工程套用10kV电压等级子目。

　　《定额》是在设备、材料及器材等完整无损，符合质量标准和设计要求，并附有制造厂出厂检验合格证和试验记录的前提下，按合理的施工组织设计、施工机械配备以及合理的工期、正常的地理气候条件制定的。定额中的人工、材料、施工机械台班消耗量反映了配电网建设工程施工技术水平和组织水平，除各章节另有具体说明外，均不得因实际施工组织、操作方法等的差异而对定额进行调整或换算

　　关于人工，有如下规定：

　　(1)《定额》的人工分为普通工、技术工。

　　(2)《定额》工日按 8 小时工作制计算。

　　(3) 工日单价为配电网工程基准工日单价，普通工为 43.0 元/工日、建筑专业技术工为 61.0 元/工日、安装专业技术工为 65.0 元/工日、线路专业技术工为 68.0 元/工日、带电作业技术工为 120.0 元/工日。（实际应考虑当地编制年价差）

　　关于材料，有如下规定：

　　(1) 定额材料种类：分为计价材料和未计价材料，未计价材料费用未包含在定额基价中。

　　(2) 材料的消耗量：包括施工消耗的主要材料、辅助材料、零星材料（其他材料），并包括了合理的施工损耗量、现场堆放损耗量、场内运输损耗量。有关施工措施使用的周转性材料在定额中按照摊销量计列。

　　(3) 未计价材料：接地材料、设备连接线、母线、穿墙套管、绝缘子、金具、电缆、保护管、防火材料等。

　　(4) 材料与设备的划分：按照《预规》中的建设预算费用性质划分规定。

　　(5) 计价材料单价：定额中计价材料单价按照 20kV 及以下配电网工程设备材料价格信息，单价为扣除进项税额的价格。（北京地区 2016 年二季度材料预算价格平均综合考虑）

　　关于施工机械，有如下规定：

　　(1) 施工机械台班消耗量：定额施工机械台班消耗量是按照正常合理

的机械配备、机械效率确定的，包括基本消耗量、超运距消耗量、超高度消耗量、必要间歇时间消耗量、机械幅度差。

（2）施工机械费用：不构成固定资产的小型机械或仪表的购置、摊销和维护，未计列机械台班用量，费用含在"预规"中的施工工具用具使用费中。

（3）施工机械台班单价：定额施工机械台班单价中包括行走机械、吊装机械的操作司机人工费。加工机械、焊接机械、动力机械等操作人工均含在相应定额子目的人工消耗量中。

（4）施工机械台班价格说明：施工机械台班价格按照电力行业 2016 年机械台班库综合取定，单价为扣除进项税额的价格。

任务二　建筑工程定额及费用计算

≫【任务描述】

本任务主要讲解定额适用范围定额子目表的应用、建筑面积及体积计算、图解示意、案例分析等。

≫【知识描述】

一、定额子目表的应用

定额子目是定额最基本表现形式，每一定额表均列有项目名称、定额编号、计量单位、工作内容、定额消耗量、基价，如表 6-1 所示。

表 6-1　　　　　　　　　　砌筑砖基础、砖墙

工作内容：调运砂浆；运砖、浇砖；安放木砖、垫块；清理面砖，原浆勾缝					
定额编号	PT3-1	PT3-2	PT3-3	PT3-4	PT3-5
项目	实心砖			砖柱	砖围墙
	基础	外墙	内墙		
单位	m³	m³	m³	m³	m³
基价（元）	38.17	48.80	38.72	75.76	63.36

续表

其中	人工费（元） 材料费（元） 机械费（元）		37.50 0.67	48.12 0.68	38.04 0.68	75.06 0.70	62.40 0.96
名称		单位	数量				
人工	普通工 建筑技术工	工日 工日	0.2788 0.4182	0.3578 0.5366	0.3327 0.3890	0.5580 0.8371	0.4639 0.6959
基价 材料	水 其他材料费	t 元	0.1050 0.0100	0.1070 0.0100	0.1060 0.0100	0.1100 0.0100	0.1500 0.0200
未计价 材料	水泥砂浆　M5 标准砖 240×115×53	m³ 千块	0.2360 0.5240	0.2430 0.5320	0.2330 0.5280	0.2180 0.5520	0.2410 0.5700

1. 直接套用

按照分部→定额节→定额编号→项目的顺序找到所要的定额直接套用。

例如：砖墙→1 砖外墙 M5 水泥砂浆砌筑，这个项目可以从砌筑工程分部砌筑实心砖定额节，定额编号 PT3-2 中找到，因为定额是采用 M5 水泥砂浆编制的，所以可直接套用。

但应注意套用定额时，遇某些项目同时列有单项定额和综合定额时，例如建筑脚手架等应按照定额规定套用。

2. 调整与换算

（1）定额消耗量调整。例如预算定额中：块料踢脚板的高度是按照 150mm 编制的，工程设计超过 150mm 小于 300mm 时材料用量需做调整；实心砖规格定额中是按照标准砖考虑。砖块、空心砖是按照常用规格考虑，工程设计规格与定额不同时可以换算等。

（2）定额材料单价调整。主要指定额采用的材料等品种、规格与设计（或实际使用）不同，按照规定应做的价格换算。配网建筑预算定额中主要针对砂浆、混凝土强度等级不同时需做的强度等级单价的换算；针对混凝土制备方式的不同也需进行单价的换算。

【案例一】现浇混凝土基础梁 C30-40，定额编号为 PT4-10，定额是采用现浇混凝土 C25-40 现场搅拌编制的，需进行混凝土强度等级的换算，C25-40→C30-40，查附录 D-1P418，材料编号 4000003，单价 236.47 元/m^3，4000002，单价 267.71 元/m^3，标号不同进行换算（267.71－236.47）×1.009＝31.52（元）。

3. 定额消耗量和材料单价同时调整

系数调整法即在定额基价的基础上，用于成比例增减的项目，采用乘系数的方法进行调整。

预算定额中机械挖土土壤含水率在 25％～40％时，定额人工工日数、机械台班量乘以 1.15 系数。

【案例二】反铲挖掘机挖土，套预算定额 PT1-56，定额基价 7.39 元，其中人工费 0.18 元、机械费 7.21 元，挖湿土单价调整人工费 0.18×1.15＝0.207（元）、机械费 7.21×1.15＝8.29（元），则定额基价为 0.207＋8.29＝8.50（元）。

二、建筑面积及体积计算

（1）单层建筑物的建筑面积，应按照其外墙勒脚以上结构外围水平面积计算，并应符合规定：单层建筑物高度在 2.20m 及以上者应计算全面积；高度不足 2.20m 者应计算 $\frac{1}{2}$ 面积。

（2）利用坡屋顶内空间时，净高超过 2.10m 的部位应计算全面积；净高在 1.20～2.10m 之间的部位应计算 1/2 面积；净高不足 1.20m 的部位不应计算建筑面积。

（3）单层建筑物内设有局部楼层者，局部楼层的二层及以上楼层，有围护结构的应按照其围护结构外围水平面积计算，无围护结构的应按照其结构底板水平面积计算。层高在 2.20m 及以上者应计算全面积；层高不足 2.20m 者应计算 $\frac{1}{2}$ 面积。

（4）多层建筑物首层应按照其外墙勒脚以上结构外围水平面积计算；

二层及以上楼层应按照其外墙结构外围水平面积计算。层高在 2.20m 及以上者应计算全面积；层高不足 2.20m 者应计算 $\frac{1}{2}$ 面积。

（5）多层建筑坡屋顶内，当设计加以利用时净高超过 2.10m 的部位应计算全面积；净高在 1.20～2.10m 的部位应计算 $\frac{1}{2}$ 面积；当设计不利用或室内净高不足 1.20m 时不应计算建筑面积。

（6）地下室、半地下室、有永久性顶盖的出入口，应按照其外墙上口（不包括采光井、外墙防潮层及其保护墙）外边线所围水平面积计算。层高在 2.20m 及以上者应计算全面积；层高不足 2.20m 者应计算 $\frac{1}{2}$ 面积。

（7）坡地的建筑物吊脚架空层、深基础架空层，设计加以利用并有围护结构的，层高在 2.20m 及以上的部位应按照其结构外围水平面积计算全面积；层高不足 2.20m 的部位应按照其结构外围水平面积的 $\frac{1}{2}$ 计算。设计加以利用、无围护结构的建筑吊脚架空层、深基础架空层，应按照其利用部位结构外围水平面积的 $\frac{1}{2}$ 计算；设计不利用的深基础架空层、坡地吊脚架空层的空间不应计算建筑面积。

（8）建筑物的门厅、大厅按照一层计算建筑面积。门厅、大厅内设有回廊时，应按照其结构外围水平面积计算。层高在 2.20mm 及以上者应计算全面积；层高不足 2.20m 者应计算 $\frac{1}{2}$ 面积。

（9）建筑物间有围护结构的架空走廊，应按其围护结构外围水平面积计算。层高在 2.20m 及以上者应计算全面积；层高不足 2.20m 者应计算 $\frac{1}{2}$ 面积。有永久性顶盖无围护结构的应按照其结构底板水平面积的 $\frac{1}{2}$ 计算。

（10）建筑物外有围护结构的落地橱窗、门斗、挑廊、走廊、檐廊，应按照其围护结构外围水平面积计算。层高在 2.20m 及以上者应计算全面积；层高不足 2.20m 者应计算 $\frac{1}{2}$ 面积。有永久性顶盖无围护结构的应按照其永久顶盖水平投影面积的 $\frac{1}{2}$ 计算。

（11）建筑物顶部有围护结构的楼梯间、水箱间、电梯机房等，层高在 2.20m 及以上者应计算全面积；层高不足 2.20m 者应计算 $\frac{1}{2}$ 面积。

（12）设有围护结构不垂直于水平面而超出底板外沿的建筑物，应按照其底板面的外围水平面积计算。层高在 2.20m 及以上者应计算全面积；层高不足 2.20m 者应计算 $\frac{1}{2}$ 面积。

（13）建筑物内的楼梯间、电梯井、观光电梯井、提物井、管道井、电缆竖井、通风排气竖井、垃圾道应按照建筑物的自然层计算。

（14）雨篷结构的外边线至外墙结构外边线的宽度超过 2.10m 者，应按照雨篷结构板的水平投影面积的 $\frac{1}{2}$ 计算。

（15）有永久性顶盖的室外楼梯，应按照建筑物自然层的水平投影面积的 $\frac{1}{2}$ 计算。

（16）建筑物的阳台按照其水平投影面积的 $\frac{1}{2}$ 计算。

（17）有永久性顶盖无围护结构的车棚、货棚、站台等，应按照其顶盖水平投影面积的 $\frac{1}{2}$ 计算。

（18）高低联跨的建筑物，应以高跨结构外边线分界分别计算建筑面积；其高低跨内部连通时，其变形缝应计算在地跨面积内。

（19）以幕墙作为围护结构的建筑物，应按照幕墙外边线计算建筑面积。

（20）建筑物外墙外侧有保温隔热层的，应按照保温隔热层外边线计算建筑面积。

（21）建筑物内的变形缝，应按照其自然层合并在建筑物面积内计算。

（22）天桥面积不分高度，长度按照天桥水平长度计算。

建筑物内的变形缝，应按照其自然层合并在建筑物面积内计算。

【案例三】某建筑物平面图及立面图如图所示，屋面板厚度 120 mm，计算其建筑面积及建筑体积。某建筑物平面图及立面图如图 6-1 所示。

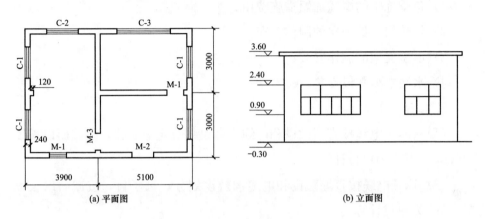

(a) 平面图　　　　　　　　　(b) 立面图

图 6-1　某建筑物平面图及立面图

解：建筑面积 $S=$（$3.9+5.1+0.24$）（$6+0.24$）$=57.66$（m^2）

建筑体积 $V=57.66×$（$3.6+0.12$）$=214.50$（m^3）

任务三　建筑工程定额及费用计算（安装）

》【任务描述】

本任务主要通过案例分析讲解电缆线路、架空线路、配电工程及通信配电自动化工程安装工程的定额及费用计算方法。

》【知识描述】

一、电缆线路工程

1. 工作内容

（1）电缆线路工程内容包括直埋式电力电缆敷设、电缆沟（隧道、排管及沿墙）电力电缆敷设、排管内电缆敷设、电力电缆沿支架、沿墙卡设。

（2）未包括以下内容：

1）冬季施工的电缆加温措施费用；

2）隔热层、保护层的制作、安装；

3）沿墙支架的制作安装；

4）水底电缆敷设安装。

2. 工程量计算规则

（1）10kV 电缆按直埋敷设和电缆沟敷设划分定额子目，按截面以长度"100m/三相"为单位计算。

（2）1kV 电缆按直埋敷设和电缆沟敷设划分定额子目，按截面以长度"100m"为单位计算。

3. 使用说明

（1）定额综合了各类电缆类型。

（2）10kV 电力电缆敷设定额是按照三芯编制的，如为单芯电缆，按相同截面的定额乘以系数 2.0；1kV 电力电缆敷设定额已按照五芯综合考虑，五芯以上电力电缆每增加一芯相应定额增加 15%。

（3）电缆敷设定额按铜芯电缆考虑的，如果实际采用铝芯，可以参考同截面电缆，按相应定额人工、机械乘以系数 0.9。

（4）竖直通道电缆敷设时，执行电缆沿支架、墙面卡设定额子目，但人工费基数乘以系数 3.0。

（5）电缆试验中绝缘摇测试验、交流耐压试验和局部放电试验定额中均按线路长度 1km 以内考虑。电力电缆线路长度每增加 1km（不足 1km 按1km 计算），定额机械费调增 40%。交流耐压试验电缆线路长度不超过5km，局部放电试验电缆线路长度不超过 3km，电力电缆线路长度超过规定值的，按照施工方案另行计价。

【案例一】从变电站接出，原有电缆排管内双回路 YJV22-8.7/15-3×300 电缆 1.5km 至 1♯环网站，请套用预算定额计算直接工程费（不考虑取费及价差调整，保留两位小数）。定额参考表 6-2 和表 6-3 所示。计算如表 6-4 所示。

表 6-2　　　　排管内电力电缆敷设（10kV）定额表

工作内容：通管、开盘、检查、架线盘、敷设、锯断、配合试验、临时封头、工器具移运等							
定额编号		PL3-13	PL3-14	PL3-15	PL3-16	PL3-17	PL3-18
项目		排管内电力电缆敷设（10kV）					
		50	70	120	240	300	400
单位		100m/三箱	100m/三箱	100m/三箱	100m/三箱	100m/三箱	100m/三箱
基价（元）		418.69	437.34	856.94	1049.46	1245.464	1323.66
其中	人工费（元）	293.51	303.63	513.26	656.77	806.87	863.88
	材料费（元）	56.58	65.11	82.32	91.36	101.05	111.98
	机械费（元）	68.60	68.60	261.36	301.33	337.72	347.80
名称	单位	数量					
人工	普通工　工日	1.8374	2.0198	3.3706	4.1395	5.1994	5.3962
	输电技术工　工日	3.1545	3.1879	5.4165	7.0408	8.5779	9.2918
计价材料	钢丝绳 φ15 以下　kg	0.7500	0.9300	1.2500	1.5700	1.8500	1.9300
	黄铜丝综合　kg	0.0420	0.0540	0.0610	0.0720	0.0830	0.0910
	镀锌铁丝综合　kg	0.2100	0.2100	0.3150	0.3150	0.3150	0.3150
	塑料带 20mm×40m　卷	0.2100	0.3150	0.6300	0.6300	0.6300	0.6300
	热缩帽　只	0.6350	0.6350	0.6350	0.6350	0.6350	0.6350
	汽油　kg	0.0315	0.0315	0.0420	0.0420	0.0420	0.0420
	油脂　kg	1.3500	1.7500	2.3300	2.8900	3.5200	4.3500
	自粘性橡胶带　卷	0.7350	1.0500	2.1000	2.1000	2.1000	2.1000
	圆钢 A3 φ11-20mm　kg	3.1500	3.1500	3.3600	3.3600	3.3600	3.3600
	其他材料费　元	1.1100	1.2800	1.6100	1.7900	1.9800	2.2000
机械	汽车式起重机 12t　台班	0.0735	0.1570	0.1770	0.2100	0.2100	
	载重汽车　5t　台班	0.0735	0.1550	0.1750	0.1470	0.1470	
	电动卷扬机（单筒慢速）台班			0.1570	0.1170	0.2100	0.2100
	30kN　台班			0.1310			
	柴油发电机组　30kW　台班			0.1390	0.1586	0.1722	0.1838
	电缆输送机 JSD-1　台班				0.2835	0.3570	0.4305

注　未计价材料包括电力电缆、电力电缆金具。

表 6-3 　　　　　　　　　　　　　电缆试验定额表

工作内容：试验设备移运及布置、接电及布线，电缆试验、核相、电阻比试验、试验后复位

定额编号			PL7-1	PL7-2	PL7-3	PL7-4	PL7-5
项目			电缆试验				
			绝缘摇测	10kV 电缆试验			
				直流耐压试验	交流耐压试验	电阻比试验	局放试验
单位			盘、回路	回路	回路	回路	回路
基价（元）			39.43	556.67	1978.48	191.59	4245.5
其中	人工费（元）		33.15	172.40	219.08	78.00	292.51
	材料费（元）			17.34	359.93		359.93
	机械费（元）		6.28	366.93	1399.47	113.59	3593.06
名称		单位	数量				
人工	普通工	工日		0.2300	0.5600		
	输电技术工	工日	0.4875	2.3898	2.8677	1.1471	4.3016
计价材料	黄铜丝综合	kg		0.2500	0.2500		0.2500
	镀锌铁丝综合	m			15.000		15.000
	塑料带 20×40m	卷		0.9000	0.9000		0.9000
	其他材料费	元		0.3400	7.0600		7.0600
机械	汽车式起重机 8t	台班			1.0000		1.0000
	载重汽车 5t	台班		0.7000		0.2000	
	载重汽车 8t	台班			1.0000		1.0000
	交流耐压仪（设备耐压用 35kV）及以下	台班			0.8000		
	QJ84 数字直流（双臂）电桥	台班				0.1000	
	绝缘电阻测试仪（2500～10000V）	台班	0.2700				
	ZGS-20 高压试验设备	台班		0.2500			
	高压核相仪	台班			0.6000		
	脉冲定位仪	台班					0.5000
	振荡波试验设备	台班					0.4500

二、架空线路工程

关于定额系数调整，使用定额时，如同一子目出现两种及以上调整系数，除章节内有具体规定外一律按增加系数累加计算。

表 6-4　　　　　　　　　　　　　　计算表

序号	定额编号	定额基价	计算式	合价（元）
1	PL3-17	1245.64	1245.64×1500÷100×2	37369.2
2	PL7-1H	39.43×1.4=55.20	55.20×1	55.20
3	PL7-1H	39.43×1.4×0.6=33.12	33.12×1	33.12
4	PL7-3H	1978.48×1.4=2769.87	2769.87×1	2769.87
5	PL7-3H	1978.48×1.4×0.6=1661.92	1661.92×1	1661.92
6	PL7-5H	4245.5×1.4=5943.70	5943.70×1	5943.70
7	PL7-5H	4245.5×1.4×0.6=3566.22	3566.22×1	3566.22
		合计		51399.23

地形增加系数不属于此解释，单独进行计算。

【案例二】某线路工程掏挖式基础为高低腿、斜柱基础和插入式角钢，计算该线路工程定额人工和机械调整系数。

分析：该基础涉及三个调整系数，分别是无模板 0.9，高低腿 1.15，斜柱基础为 1.25。

增加系数相加＝（－0.1）＋0.15＋0.25＝0.30

即调整系数为 1.30。

定额人工、机械调整为定额人工×1.30、机械×1.30。

三、工程地形系数

【案例三】某工程沿线地形为山地 20％，丘陵 30％，平地 25％，泥沼 20％，高山 5％，计算该工程地形增加系数。地形增加系数如表 6-5 所示。

表 6-5　　　　　　　　　　　　　　地形增加系数

地形类别	丘陵	一般山地、泥沼地带、沙漠	高山
增加系数	15％	60％	120％

分析：地形增加系数的计算规则为工程地形按全线的不同地形划分为若干区段，分别以其工程量所占长度的百分比进行计算地形增加系数。本例地形增加系数计算如下：

30％×0.15＋（20％＋20％）×0.6＋5％×1.2＝4.5％＋24％＋6％＝34.5％

则地形调整系数为 1.345。

四、未计价材料用量的确定

（1）《定额》中的材料分为计价材料与未计价材料。

（2）计价材料指定额子目中材料费计入定额基价中的材料。

（3）未计价材料指不计入定额基价中的材料，以《定额》中备注为准。

（4）在计算未计价材料的用量时，应根据设计规定用量加损耗计算，材料施工损耗率如表 6-6 所示。

未计价材料用量＝设计规定用量×（1＋损耗率）

表 6-6　　　　　　　　　　材料施工损耗率表

序号	材料名称		损耗率（%）	序号	材料名称		损耗率（%）
1	裸软导线	平地、丘陵	0.4	13	螺栓、脚钉、垫片（不包括基础用地脚螺栓）		3.0
		山地、高山	0.6	14	金具（包括压接线夹）		1.5
2	绝缘导线		0.6	15	水泥压力管		2.0
3	专用跨接线和引线		2.5	16	混凝土杆（包括底盘、拉盘、卡盘）		0.5
4	电力电缆		1.0	17	铝端夹		
5	钢筋（加工制作）		6.0	18	砖		2.5
6	镀锌钢绞线（拉线、承力线）		2.0	19	商品混凝土		1.5
7	电缆终端头瓷套		0.5	20	水泥、石灰、降阻剂	山地、高山	7.0
8	绝缘子、瓷横担（不包括出库前试验损耗）		2.0			其他地区	5.0
9	混凝土叉梁、盖板（方、矩形）		3.5	21	石子	山地、高山	15.0
10	钢筋、型钢（成品、半成品）		0.5			其他地区	10.0
11	钢管		1.5	22	砂	山地、高山	18.0
12	塑料制品（管材、板材）		5.0			其他地区	15.0

（5）材料施工损耗率有关说明：

1）裸软导线、地线按输电线路设计用量计算，包括线路弧垂、跳线及电器连接应预留的长度。

2）裸软导线损耗率中不包括与电器连接应预留的长度。

3）电力电缆和控制电缆损耗率中不包括备用预留的长度，以及因敷设有弯曲或有弧度而增加的长度。输电用电力电缆不计算施工损耗。

4）拉线的计算长度应以拉线的展开长度（包括制作所需的预留长度）为准。

5）钢管杆不计算损耗。

（6）运输重量计算。

运输重量＝预算重量（或预算量×单位重量）×毛重

系数（或＝预算重量＋盘重）

其中：预算重量＝设计重量＋损耗量＝设计重量×（1＋损耗率）

部分材料的单位运输重量按"未计价材料的单位运输重量表"计算（见表6-7），未列入的其他材料按净重计算。

表 6-7　　　　　　　　　　　　　未计价材料的单位运输重量

材料名称		单位	运输重量（kg）	备注
混凝土制品	人工浇制	m^3	2600	包括钢筋
	离心浇制	m^3	2860	包括钢筋
线材	导线（有线盘）	kg	$W×1.15$	
	避雷线、拉线（无线盘）	kg	$W×1.04$	
	光缆（有线盘）	kg	$W×1.20$	
	电缆	kg	$W＋G$	G 为盘重
商品混凝土		m^3	2560	
土方		m^3	1500	实挖量
块石、碎石、卵石		m^3	1600	
石灰		m^3	1200	
砂（干中砂）		m^3	1550	
水泥、降阻剂		kg	$W×1.01$	袋装
水		kg	$W×1.20$	
金具、绝缘子（瓷、玻璃）		kg	$W×1.07$	
螺栓、垫圈、脚钉		kg	$W×1.01$	

（7）使用说明。

1）水运输。定额已考虑了混凝土的洗石、搅拌、养护、洗模板等所需的用水量的 100m 范围内运输，如超过 100m 时，可按每立方米混凝土用水量：自拌混凝土：500kg，商品混凝土：300kg，按工地运输定额另行计算运费。

2）砂、石运输。砂、石子等材料一般采用地方预算价（或信息价），只计算人力运输，不计算汽车、船舶等机械运输。如果施工现场所处位置的运距超过了地方预算价（或信息价）组价运输距离计算范围，可以计算超出部分的运输费用，但不计装卸费用。

3）塔（钢管杆）材运输。为方便计算，塔材在计算运输装卸重量时，包括螺栓、脚钉、垫圈的重量。

【案例四】某线路现浇基础，混凝土强度等级 C25，工程量 $10m^2$，工程地形为丘陵，人力运输运距 500m。计算水泥、砂、石、工地运输工程量。

已知条件：水泥 $0.405t/m^3$、砂 $0.410t/m^3$、碎石 $0.85t/m^3$

（平地）水泥 5%、砂 15%、碎石 10%

水泥 $W×1.01$、砂 $1550kg/m^3$、碎石 $1600kg/m^3$

解：依据给定条件：

水泥 $0.405t/m^3$、砂 $0.410t/m^3$、碎石 $0.85t/m^3$ 含量，

（平地）水泥 5%、砂 15%、碎石 10%。

依据表 6-7 未计价材料单位运输重量查得单位运输重量为

水泥 $W×1.01$、砂 $1550kg/m^3$、碎石 $1600kg/m^3$

则水泥、砂、石、工地运输工程量分别为：

水泥　$0.405t/m^3 × (1+5\%) × 1.01 × 10m^3 × 0.5km = 2.148$（t·km）

砂　$0.410t/m^3 × (1+15\%) × 1.55t/m^3 × 10m^3 × 0.5km = 3.654$（t·km）

碎石　$0.85t/m^3 × (1+10\%) × 1.6t/m^3 × 10m^3 × 0.5km = 7.480$（t·km）

（8）余土处理方法。一般工程不考虑余土处理，需要时，可考虑余土运至允许堆弃地，其运距超过 100m 以上部分可列入工地运输。余土运输量的计算如下：

对于灌注桩钻孔渣土

余土运输量＝桩设计零米以下部分体积（m^3）$×1.7t/m^3$

其中：1.7t/m³ 中包括 0.2t/m³ 的含水量。

对于现浇和预制基础基坑余土

余土运输量＝地面以下混凝土体积（m³）×1.5t/m³×80％

对于挖孔基础坑余土

余土运输量＝地面以下混凝土体积（m³）×1.5t/m³

基础坑结构示意图如图 6-2 所示，基础坑计算公式如表 6-8 所示。

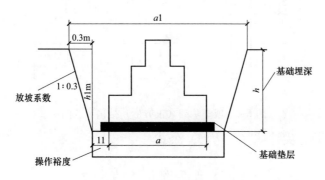

图 6-2　基础坑结构示意图

表 6-8　　　　　　　　　　　　基础坑计算公式表

序号	基坑型式	计算公式
1	正方体（不放边坡）	$V = a^2 \times h$（m³）
2	长方体（不放边坡）	$V = a \times b \times h$（m³）
3	平截方尖柱体（放边坡）	$V = \dfrac{h}{3} \times (a^2 + aa_1 + a_1^2)$（m³）
4	平截长方尖柱体（放边坡）	$V = \dfrac{h}{6} \times [ab \times (a+a_1)(b+b_1) + a_1 b_1]$（m³）
5	圆柱体（不放边坡）	$V = \pi \times r^2 \times h$（m³）
6	圆柱体连平截圆锥体（不放边坡）	$V = \pi r_1^2 h_1 + \pi h_2 (r_1^2 + r_2^2 + r_1 r_2)/3$（m³）

【案例五】现浇基础（正方形），块石垫层厚 200mm，尺寸如图 6-3 所示，土质为松砂石，采用人工开挖，计算土方工程量。现浇基础（正方形）结构示意图如图 6-3 所示。

分析如下：

基础：宽 4.2m，深 4m。　操作裕度：松砂石 0.2m。

边坡系数：松砂石 1：0.6（$h>3$m）

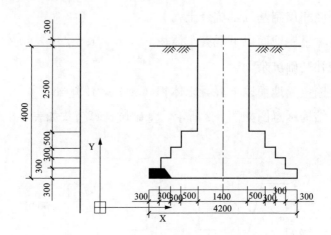

图 6-3　现浇基础（正方形）结构示意图

采用平截方尖柱体（放边坡）公式

$$v=\frac{h}{3}\times(a^2+aa_1+a_1^2)$$

$$h=4+0.2=4.2（m）$$

$$a=4.2+0.2\times2=4.6（m）$$

$$a1=（4.2+0.2\times2）+2\times4\times0.6=9.4（m）$$

$$V=\frac{4.2}{3}（4.6^2+4.6\times9.4+9.4^2）=213.864（m^3）$$

无底盘、卡盘的电杆坑的计算使用以下公式

$$V=0.8\times0.8\times h+0.2$$

【案例六】某工程新立混凝土电杆 11 基，电杆坑深 1.4m，计算本工程的电杆土方量。

解：$V=（0.8\times0.8\times1.4+0.2）\times11=12.056（m^3）$

带卡盘的电杆，如原计算坑的尺寸不能满足安装时，因卡盘超长而增加的土、石方量另计。

【案例七】新开挖两基 15m 杆的杆洞，计算其挖土方量（坑深 2.3 米，普通土，计算结果保留三位小数）

$$h=2.3 \qquad a=0.8$$

$a1 = a + 2 \times h \times 放坡系数$

$= 0.8 + 2 \times 2.3 \times 0.3 = 2.18$（m）

$$V = \frac{h}{3} \times (a^2 + a \times a_1 + a_1^2)$$

$$= \frac{2.3}{3} \times (0.8^2 + 0.8 \times 2.18 + 2.18^2) = 5.471（m^3）$$

开挖土方量 $= 5.471 \times 2 = 10.942（m^3）$

【案例八】某架空线路工程，施工图设计使用典型设计，建筑安装工程费为 50 万元，设备购置费为 10 万元，请计算基本设计费（计算时保留两位小数）。

解：基本设计费＝（建筑工程费＋安装工程费＋设备购置费）×设计费费率；

建筑安装工程费、设备购置费之和为 60 万元，在 50 万～100 万元（含 100 万元）之间的设计费费率为 $5.57\% \sim 6.67\%$。

用内插法 $y = y_0 + (y_1 - y_0) \times \dfrac{x - x_0}{x_1 - x_0}$

其中 x ＝建筑工程费＋安装工程费＋设备购置费 $= 50 + 10 = 60$（万元），$x_0 = 50$，$x_1 = 100$，$y_0 = 6.67\%$，$y_1 = 5.57\%$，代入公式得：

设计费费率 $= 6.67\% + (5.57\% - 6.67\%) \times \dfrac{60 - 50}{100 - 50} = 6.45\%$

因为使用典型设计，所以设计费费率 $= 6.45\% \times 80\% = 5.16\%$

基本设计费 $= 600000 \times 5.16\% = 30960$（元）。

五、配电工程

1. 工作内容

（1）配电工程工作内容包括干式变压器、三相变压器、单相变压器、预装式变电站、电抗器、消弧线圈等设备安装和绝缘油过滤。

（2）未包括内容：

1）支架制作及安装。

2）基础槽钢或角钢的安装、埋设。

3）变压器防震措施费。

4）端子箱、控制箱的制作、安装。

5）二次喷漆。

6）变压器干燥。

2. 定额套用及调整

（1）干式变压器如果带有保护外罩时，其安装定额中的人工和机械都乘以系数1.1。

（2）地埋式变压器安装执行同容量定额，其安装定额中的人工和机械都乘以系数1.1。电炉变压器安装执行同容量定额，乘以系数1.6。整流变压器安装执行同容量定额，乘以系数1.2。

（3）地埋式变压器的地上开关箱安装，应按本册相应定额另行计算。

【案例九】某配电室工程需安装800kVA干式变压器2台（带有保护外罩），变压器本体接地材料为—4×40镀锌扁钢（单重1.422kg/m，单价3900元/t），5m/台（已考虑损耗），其中一台安装标示牌1块，另外一台安装标示牌2块（单价20元/块）；引下线2组，导线采用LGJ-185/25（单重706.1kg/km，单价13000元/t），导线长度共30m（已考虑损耗），计算如表6-9所示。

表6-9　　　　　　　　　　　　　计算表

序号	定额编号	项目名称	单位	数量	定额单价（元）	定额合价（元）
1	PD1—8H	10kV干式变压器安装容量（kVA以下）1000	台	2	1126.938	2254
2	PD3—10	引下线、设备连接线导线截面（mm² 以下）240	组	2	172.21	344
3	PD5—7	标识牌螺栓安装	块	3	6.37	19
4	PD10—1	10kV电力变压器系统调试高压侧配置断路器	系统	2	1115.81	2232
	小计					4849

干式变压器如果带有保护外罩时，其安装定额人工和机械分别乘以系数1.1。

人工费＝588.12×1.1＝646.932（元）

材料费＝68.21（元）

机械费＝374.36×1.1＝411.796（元）

PD1－8H＝646.932＋68.21＋411.796＝1126.938（元）

未计价材料费计算如下：

－4×40 镀锌扁钢：1.422kg/m×5m/台×2 台÷1000kg/t×3900 元/t＝55（元）

标示牌：20 元/块×3 块＝60（元）

LGJ-185/25 导线：706.1kg/km×0.03 km÷1000kg/t×13000 元/t＝275（元）

【案例十】某环网箱工程安装 2 座 10kV 高压环网柜。其中 1 座为 2 进 4 出，按 BBKKKK＋TV 配置；另 1 座为 2 进 2 出，按 KKBB＋TV 配置，保护装置根据设备情况配置，定额直接费如表 6-10 所示。

表 6-10　　　　　　　　　　　**定额直接费计算表**

序号	定额编号	项目名称	单位	数量	定额单价	定额合价
1	调 PD2－16×1.04	10kV 环网柜成套装置七位	台	1	2158.23	2158
2	调 PD2－15×1.04	10kV 开关站成套装置安装五位	台	1	1850.76	1851
3	PD4－23	线路保护测控装置 10kV	套	3	337.4	1012
4	PD10－4	送配电设备系统调试电压等级 10kV 以下配置负荷开关	系统	6	266.46	1599
5	PD10－5	送配电设备系统调试电压等级 10kV 以下配置断路器	系统	4	385.98	1544
6	PD10－7	母线系统调试电压等级 10kV 以下	段	2	294.02	588
7	PD10－17 ×0.4	开关站	站	2	241.58	483
	小计					9235

【案例十一】某环网室工程安装 8 台 10kV 高压成套配电柜，其中 2 台配置负荷开关，另 6 台配置真空断路器，为出线柜。保护装置根据设备情况配置，定额直接费如表 6-11 所示。

表 6-11　　　　　　　　　　　**定额直接费计算表**

序号	定额编号	项目名称	单位	数量	定额单价	定额合价
1	PD2－10	10kV 高压成套配电柜真空断路器柜	台	6	615.79	3695
2	PD2－20	10kV 高压成套配电柜负荷开关柜	台	2	520.58	1041

序号	定额编号	项目名称	单位	数量	定额单价	定额合价
3	PD4—23	线路保护测控装置 10kV	套	2	1043.23	2086
4	PD10—5	送配电设备系统调试电压等级 10kV 以下配置断路器	系统	6	385.98	2316
5	PD10—4	送配电设备系统调试电压等级 10kV 以下配置负荷开关	系统	2	266.46	533
小计						9671

【案例十二】某充电站工程布置 8 个乘用车充电工位，共配置 6 台充电机，其中 4 台为 60kW 一体式充电机（一机一充），另有 2 台 120kW 分体式充电机（一机两充），定额直接费如表 6-12 所示。

表 6-12　　　　　　　　　　定额直接费计算表

序号	定额编号	项目名称	单位	数量	定额单价	定额合价
1	PD9—1	直流整车充电机一体式 1 机 1 充功率（60kW）及以下	台	6	565.89	3395
2	PD9—10	直流充电机分体式充电机柜功率（120kW）及以下	台	2	751.97	1504
3	PD9—13	充电桩	台	6	263.53	1581
4	PD10—11	整车直流充电系统调试	系统	6	135.41	812
小计						7292

六、通信配电自动化工程

（一）通信工程

1. 主要内容

包括通信设备安装调测、辅助设备及配线安装调测、监控及安防设备的安装调测、通信线路架（敷）设测试接续；通信业务的割接、接入开通。

2. 未包括内容

（1）蓄电池柜基础槽钢，电缆槽道支吊架制作安装，防火封堵，使用时套用《20kV 及以下配电网建设工程预算定额　第二册　电气设备安装工程》相关子目。

（2）电缆沟内敷设光缆的揭和盖电缆沟盖板，敷设直埋式光缆的破路面，挖沟，顶管，沟内铺砖，铺沙、板等，使用时套用《20kV 及以下配电网建设工程预算定额 第三册 电缆工程》相关子目。

（3）电缆槽道通过沉降缝、伸缩缝等需特殊处理所增加的费用。

（4）管道支吊架等铁构件制作安装，使用时套用《20kV 及以下配电网建设工程预算定额 第二册 电气设备安装工程》相关子目。

（5）光缆工地运输，使用时套用《20kV 及以下配电网建设工程预算定额 第三册 架空线路工程》相关子目。

3. 定额套用及调整

（1）架设架空光（电）缆是按平地形考虑的，如在其他地形条件下施工时，在无其他规定的情况下，其人工、机械费定额可按地形增加系数予以调整，地形增加系数如表 6-13 所示。

表 6-13   地形增加系数

地形类别	丘陵、水田	市区、一般山地	其他山地、泥沼地带、沙漠
调整系数	1.3	1.5	1.6

注 1. 各种地形的定义：平地指地形比较平坦广阔，地面比较干燥的地带；丘陵指陆地上起伏和缓、连绵不断的矮岗、土丘，水平距离 1km 以内地形起伏在 50m 以下的地带；一般山地指一般山岭或沟谷等，水平距离 250m 以内，地形起伏在 50～150m 的地带；泥沼地带指经常积水的田地或泥水淤积的地带；沙漠指沙漠边缘地带。

2. 套用说明：①编制预算时，工程地形按全线的不同地形划分为若干区段，分别以其工程量所占长度的百分比进行计算；②城市市区界定由省（直辖市）级电力工程造价管理部门批准后方可执行。

（2）光网络单元（ONU）如果含分光器的，乘以系数 1.1。

（3）网管系统适用于新建系统。

（4）传感器包括除摄像机以外的任意类型传感器，包括温湿度、烟雾等。

（5）门禁系统联调的控制点是指门禁控制器、电磁锁、读卡器、键盘。

（6）光线路终端单元板卡仅适用于光线路终端（OLT）扩容。

（7）OPPC（光纤复合相线）光缆架设，使用时套用《20kV 及以下配电网工程预算定额（2016 年版）第四册 电缆工程》相关子目。接续参照《20kV 及以下配电网建设工程预算定额 第五册 通信及自动化工程》"中继光缆接续"相关定额子目，人工工日乘以系数 1.5，光缆测试参照《20kV 及以下配电网建设工程预算定额 第五册 通信及自动化工程》"中继光缆测试"相关定额子目。

（8）通信业务不论中间经过多少转接均按一条业务计列。

（9）无线核心网设备不论模块式还是组合式，不论频率和带宽大小都按"套"为单位，调试包括全站设备的联合调试及网管数据配置、修改等。

（10）无线基站系统调试按站计算，调试包括了核心网与基站设备之间的系统联调及通道配置测试、网管配置及网络优化。

（11）无线终端接入调试按个计算，调试包括无线终端至基站设备之间的身份认证，无线接入性能测试，系统联调，至核心网的通道开通及测试。

（12）采用中低压载波作为传输设备时，从载波机套用 PZ3-12 主载波机套用 PZ3-14，耦合器套用 PZ3-11，基价不做调整。

【示例】根据表 6-14～表 6-17 的设备材料套定额。

表 6-14　　　　　　　　　　设备材料表

序号	设备名称	单位	数量	备注
1	EPON-OLT	台	3	
2	72 芯 ODF 子架	个	6	
3	机柜	架	6	
4	超五类网线（305m/箱）	箱	4	
5	RJ45 水晶头（100 个/盒）	盒	1	
6	24 芯普通非金属光缆	km	11	架空光缆
7	镀锌钢绞线	t	3.3	
8	挂钩	个	33000	
9	普通光缆金具	km	11	
10	普通光缆接头盒	个	5	
11	标志牌	个	220	
12	引上钢管	根	2	
13	光缆尾纤	根	4	

表 6-15　　　　　　　　　　设 备 材 料 表

序号	设备名称	单位	数量	备注
1	EPON—ONU（含分光器）	套	109	
2	24 芯 ODF	个	42	
3	接头盒	个	67	

续表

4	无线终端	套	85	
5	12 芯普通非金属光缆	km	90	架空光缆
6	12 芯普通非金属光缆	km	30	管道光缆
7	硅管	km	30	
8	镀锌钢绞线	t	27	
9	挂钩	个	270000	
10	普通光缆金具	km	90	
11	标志牌	个	1800	
12	引上钢管	根	18	
13	光缆尾纤	根	460	

表 6-16   计 算 表

编制依据	项目名称	单位	数量
设备			
设备	EPON-OLT 设备（含设备网管系统）	台	3
PZ1-16	光线路终端（OLT）	台	3
PZ1-21	网管系统	套	1
设备	EPON/ONU 设备（含分光器）	台	109
PZ1-18H	光网络单元（ONU）	台	109
PZ1-22	系统联调	系统	12
设备	无线终端	套	85
PZ1-25	无线终端	个	85
PZ1-31	无线终端接入调试	个	85
设备	机柜	架	6
PZ1-81	机架	架	6
主材	72 芯 ODF	个	6
主材	24 芯 ODF	个	42
PZ1-74	光分配架子架	个	48
主材	超五类网线（305m/箱）	箱	4
主材	RJ45 水晶头（100 个/盒）	盒	1
PZ1-63	布放电视、电话、以太网线	100m	12
PZ1-144	以太网业务	条	3
PZ1-145	光口业务	条	15

表 6-17 计 算 表

编制依据	项目名称	单位	数量
骨干层光缆			
设备	24 芯普通非金属光缆	km	11
PZ1-96	架空光缆 24 芯以下	km	11
PZ1-124	光缆单盘测试 24 芯以下	盘	6
PZ1-129	中继光缆测试 12 芯以下	段	1
主材	镀锌钢绞线	t	3.3
主材	挂钩	个	330000
主材	普通光缆金具	km	11
主材	普通光缆接头盒	个	5
PZ1-112	中继光缆接续 24 芯以下	头	7
主材	标志牌	个	220
主材	引上钢管	根	2
PZ1-109	安装引上钢管	根	2
主材	光缆尾纤	根	4
PZ1-63	尾纤布放	根	4

（二）配电自动化

1. 主要内容

配电自动化主要内容包括配电自动化终端设备、主（子）站设备安装调试、自动化系统调试。

2. 未包括的内容

（1）支架等金属构件的制作、安装，使用时套用《220kV 及以下配电网建设工程预算定额 第二册 电气设备安装工程》相关子目。

（2）光缆敷设，设备电源电缆（线）的敷设，配线架跳线的安装、焊（绕、卡）接等有关线缆安装、布放，使用时套用《20kV 及以下配电网建设工程预算定额 第五册 通信及自动化工程》相关定额。

3. 定额套用及调整

（1）同步时钟安装调测包括天馈线的安装调测。

（2）一个终端若接入主（子）站就套用一个相关调试定额。当终端信息通过子站上传到主站时，系统联调分别套用主（子）站与终端联调、主站与子站联调各一次，若终端信息只上传到子站层，则只套用主（子）站与终端联调子目。

（3）配电自动化主站系统本体调试为信息接入量小于 10 万点；若信息接入量 10 万～50 万点的，乘以系数 1.2；若信息接入量 50 万点以上的，乘以系数 1.3。

（4）终端安装调测中只考虑了目前实际使用的"三遥"（遥控、遥信、遥测）功能，若实际工作中增加遥调的内容时，则相应定额乘 1.2 系数。

【小节练习】根据表 6-18 和表 6-19 的设备材料套定额。

表 6-18   设 备 材 料 表

序号	设备名称	单位	数量
1	工作站	台	9
2	交换机	台	2
3	纵向认证加密装置	台	2
4	打印机	台	1
5	标准机柜	架	2
6	电源线	m	100
7	超五类网线（305m/箱）	箱	1
8	水晶头	盒	1
9	DTU（一控六/八）	台	1
10	DTU（一控十六/二十）	台	6
11	控制电缆（5 芯）	100m	12
12	控制电缆（10 芯）	100m	12
13	航空插头 4 芯/5 芯	个	48
14	航空插头 10 芯	个	48
15	故障指示器	台	100
16	开闭所智能监测主机	台	2
17	开闭所智能监测终端烟雾传感器	台	2
18	开闭所智能监测终端水浸传感器	台	2
19	开闭所智能监测终端温湿度传感器	台	2

表6-19　　　　　　　　　　　计　算　表

编制依据	项目名称	单位	数量
设备	工作站	台	9
PZ2-15	工作站及系统软件	套	9
设备	交换机	台	2
PZ2-25	局域网交换机	台	2
设备	纵向认证加密装置	台	2
PZ2-16	安全隔离装置、防火墙	套	2
设备	打印机	台	1
PZ1-33	打印机	台	1
设备	标准机柜	架	2
PZ2-11	配电自动化子站柜（安装）	套	2
PZ2-12	配电自动化子站柜（调试）	系统	1
主材	电源线	m	100
PZ1-64	布放设备电缆	100m	1
主材	超五类网线（305m/箱）	箱	1
主材	水晶头	盒	1
PZ1-63	布放电视、电话、以太网线	100m	3
DTU三遥终端			
设备	DTU（一控六/八）	台	6
设备	DTU（一控十六/二十）	台	6
PZ2-3	站所终端（DTU）线路回数12以内	台	6
PZ2-4	站所终端（DTU）线路回数20以内	台	6
主材	控制电缆（5芯）	100m	12
主材	控制电缆（10芯）	100m	12
主材	航空插头4芯/5芯	个	48
主材	航空插头10芯	个	48
PZ1-62	布放电源电缆	100m	24
远传型故障指示器			
设备	故障指示器	台	100
PZ2-8	故障指示器	台	100

任务四　估（概、预）算书编制深度要求

》【任务描述】

本任务主要讲解配电工程设计估（概、预）算书及附件部分要求。

》【知识描述】

一、估算部分

估算书内容一般应包括：编制说明、总估算表，各专业汇总估算表，建筑、安装单位工程估算表，以及必要的附表、附件。必要时，还应包含不同站址（线路路径）方案的投资对比表。

估算书编制说明在内容上要全面、准确、有针对性，文字描述要具体、确切、简练、规范。一般应包括：工程概况、工程设计依据、编制原则及依据、工程投资情况、造价水平分析、其他需要说明的重大问题。

宜与通用造价进行比较，分别从建筑工程费、设备购置费、安装工程费、其他费用等方面分析差异产生的具体原因，说明造价的合理性。

二、概算部分

（一）概述

1. 工程概况

配电部分应说明设计依据，本期建设及出线规模，变压器台数及单位容量、规划容量；采用预装式变电站时，应详细描述预装式变电站的型号及配置情况，基础形式、安装位置；应说明站址特点及交通运输状况，站区自然地理条件（如海拔、地震烈度、地耐力、地形、地质、地下水位等）。

电缆线路部分应说明设计依据，额定电压，电缆线路起讫点，敷设路径，重要路径节点，敷设方式，线路长度，电缆井型及数量，电缆型号、规格，自然地理条件（如地形、地质、地下水位、地震烈度等）。

架空线路部分应说明线路起讫地点，经过地区的地形、地貌、地下水位、风力、地震烈度；线路长度；导、地线型号，杆塔类型；自然地理条件（如地形、地质、地下水位等）和对投资有较大影响的情况。

同时应说明对投资有较大影响的情况；应说明开工日期、计划投产日期。

2. 投资情况

应说明静态投资、静态单位投资，动态投资、动态单位投资，已核准及批复的可行性研究估算投资。

3. 工程资金来源

应说明融资方式、资本金比例、融资利率。

（二）编制原则及依据

1. 初步设计概算的编制原则

初步设计概算应准确、合理，取费符合规定，计算正确。应根据选定站址和设计推荐的工艺系统和技术方案编制初步设计概算。

2. 初步设计概算的编制依据

（1）工程量计算依据：概算工程量应与初步设计图纸、说明书及设备、材料清单保持一致。对投资影响较大的项目，如土石方、地基处理等，需对工程量进行核算。

（2）建筑安装工程费编制依据：建筑安装工程费以电力行业定额管理机构（国家能源局）颁布的定额及相关规定为基础编制，取费计算标准应与所采用的定额相匹配。补充定额应符合现行定额编制管理规定，并报电力行业定额管理机构（国家能源局）批准后方可使用。

（3）地区人工工资调整依据及材料、机械计价依据：建筑安装工程费的人工、材料及机械价格以电力行业定额管理机构颁布的定额及相关规定为基础，并结合项目所在省（自治区、直辖市）的价格调整规定计算。

（4）设备及装置性材料价格的计价依据：设备价格依次按合同价格、市场信息价格、编制期限额设计参考造价指标中的价格、编制期同类设备的合同价格编制，装置性材料价格按照电力行业定额管理机构颁发的规定计算，并按照合同价格、电力行业定额管理机构颁发的信息价格或编制期限额设计参考造价指标中的价格计算材料价差。

（5）建设期贷款利息的计算依据：依据资本金比例、贷款利率、建设工期计算。

3. 其他有关说明

对定额及取费中不包含的特殊施工项目，可根据设计专业提出的方案计算费用，列入初步设计概算，提请设计审查时核定。

（三）造价水平分析

初步设计概算应与可行性研究估算进行对比分析，初步设计概算总投资应控制在可行性研究估算投资范围内，如因特殊原因超出估算总投资时，应做具体分析，并重点叙述超出的原因。初步设计概算应与通用造价进行对比分析，说明造价水平的合理性。

（四）概算表及附表

（1）初步设计概算应以国家能源局（电力行业定额管理机构）颁布的定额及相关规定为基础，按照公司相关规定执行。

（2）初步设计概算应表包括概算编制说明、总概算表、专业汇总概算表、建筑工程概算表、安装工程概算表、其他费用概算表、建设场地征用及清理费计算表、主要技术经济指标表以及相应的附表、附件等。

（3）初步设计概算的附表及附件应完整，包括建设期贷款利息计算表、编制年价差计算表、勘测设计费计算表、可行性研究估算书与概算投资对比分析表、本工程概算与通用造价对比分析表等，还应有必要的附件。附件包括特殊项目的依据性文件及建设概算表等。

（五）附件

初步设计概算的附表及附件应完整，包括建设期贷款利息计算表、编制年价差计算表、勘测设计费计算表、可行性研究估算书与概算投资对比分析表、本工程概算与通用造价对比分析表等，还应有必要的附件。附件包括特殊项目的依据性文件及建设概算表等。

三、预算部分

预算部分包括工程概况、投资情况、工程资金来源、施工图预算的编制依据、其他有关说明、预算表及附表参考概算书部分。

1. 造价水平分析

施工图预算总投资应控制在初步设计概算投资范围内，如因特殊原因超出概算总投资时，应做具体分析，并重点叙述超出的原因。

2. 附件

施工图预算的附表及附件应完整，包括建设期贷款利息计算表、编制基准期价差计算表、勘测设计费计算表等，还应有必要的附件。附件包括特殊项目的依据性文件及建设预算表等。

附表一　10kV 配电线路常用绝缘子表

国网公司标准物料	适用范围		备注
	海拔高度 H(m)	环境污秽等级	
线路柱式瓷绝缘子，R5、ET105L、125、283、360	H≤1000m	a级、b级、c级	最小弯曲破坏负荷5kN，可在此绝缘子基础上增设防雷装置
线路柱式瓷绝缘子，R12.5、ET125N、160、305、400		d级*	最小弯曲破坏负荷12.5kN，可在此绝缘子基础上增设防雷装置
线路柱式瓷绝缘子，R12.5、ET150N、170、336、534		d级**、e级	最小弯曲破坏负荷12.5kN，可在此绝缘子基础上增设防雷装置
线路柱式复合绝缘子，FZS-10/5、252、400		a级、b级、c级、d级	最小弯曲破坏负荷5kN
盘形悬式瓷绝缘子，U70B/146、255、146、320		a级、b级、c级、d级、e级	球窝式盘形悬式瓷绝缘子2片组装
盘形悬式瓷绝缘子，U70C/146、255、146、320		a级、b级、c级、d级、e级	槽形盘形悬式瓷绝缘子2片组装
交流棒形悬式复合绝缘子，FXBW-10/70、310、350		a级、b级、c级、d级	可在此绝缘子基础上增设防雷装置
瓷拉棒绝缘子 SL-15/40、120、320、300		a级、b级、c级	瓷拉棒绝缘子
线路柱式瓷绝缘子，R12.5、ET125N、160、305、400	1000<H≤2500	a级、b级、c级、d级*	最小弯曲破坏负荷12.5kN，可在此绝缘子基础上增设防雷装置
线路柱式瓷绝缘子，R12.5、ET150N、170、336、534		d级**、e级	最小弯曲破坏负荷12.5kN，可在此绝缘子基础上增设防雷装置
盘形悬式瓷绝缘子，U70B/146、255、146、320		a级、b级、c级、d级、e级	球窝式盘形悬式瓷绝缘子2片组装
盘形悬式瓷绝缘子，U70C/146、255、146、320		a级、b级、c级、d级、e级	槽形盘形悬式瓷绝缘子2片组装

续表

国网公司标准物料	适用范围			备注
	海拔高度 H(m)	环境污秽等级		
线路柱式瓷绝缘子，R12.5，ET150N，170，336，534	2500<H≤4000			最小弯曲破坏负荷 12.5kN，可在此绝缘子基础上增设防雷装置
盘形悬式瓷绝缘子，U70B/146，255，146，320		a 级、b 级、c 级、d 级、e 级		球窝式盘形悬式瓷绝缘子 3 片组装
盘形悬式瓷绝缘子，U70C/146，255，146，320		a 级、b 级、c 级、d 级、e 级		槽形盘形悬式瓷绝缘子 3 片组装
拉紧绝缘子，JH10-90；拉紧绝缘子，JH10-120	H≤3000		1 只	物资上报时须确认拉紧绝缘子两端拉环均调整为方形截面结构型式，其强度须保持与原型圆钢结构型式强度一致。
拉紧绝缘子，JH10-90；拉紧绝缘子，JH10-120	3000<H<4000		2 只串联组合	
防雷柱式绝缘子，瓷				柱式瓷绝缘子有防雷装置，根据应用场景选择相应规格参数

说明　1. 本表所列内容为 10kV 配电线路常用绝缘子，如需选用其他类型绝缘子，可在国家电网公司配电网建设改造标准物资标准物料库内选用。

2. 本表所列常用绝缘子在使用前应核对，应以使用时所查询的有国家电网公司配电网建设改造标准物料目录和物资标准物料库内的标准物料名称为准。

3. 环境污秽等级划分根据 GB 50061－2010《66kV 及以下架空电力线路设计规范》附录 B 架空电力线路污秽等级并归类。

4. 中、高海拔地区绝缘子选型参照 Q/GDW 13001－2014《国家电网公司物资采购标准配电网标准绝缘子设备标准》。

* 海拔 2500m 及以下，d 污区等级地区，瓷绝缘子单位爬电距离取 3.0~3.4 时选用。

** 海拔 2500m 及以下，d 污区等级地区，瓷绝缘子单位爬电距离取 3.4~4.0 时选用。

附表二 10kV配电线路常用金具表

	金具类型		适用范围	国家电网公司标准物料
悬垂线夹	回转型	XGU型	导线悬垂安装	悬垂线夹-回转型，XGU-2(-3,-4)
耐张线夹	楔型	NXL型	JKLYJ绝缘导线剥皮使用	耐张线夹-楔型绝缘，NXL-1(-2,-3,-4)
	楔型	NXJG型	JKLYJ绝缘导线不剥皮使用	耐张线夹-楔型绝缘，NXJG-1(-2,-3,-4)
	螺栓型	NLL型	JL/G1A钢芯铝绞线及JL铝绞线	耐张线夹-螺栓型，NLL-1(-2,-3,-4,-5)
	楔型	NX型	拉线安装	拉线金具-楔型线夹，NX-1(-2,-3)
	UT型	UT型	拉线安装	拉线金具-UT型线夹，NUT-1(-2,-3)
接续金具	预绞式接续条	JL型	JL/G1A钢芯铝绞线	接续金具-预绞式接续条，JL-50/8(70/10,95/15,120/20,150/20,185/25,240/30)
			JL铝绞线	接续金具-预绞式接续条，JL-120L(150,185,240)
	接续管	JT型(钳压)	JL/G1A钢芯铝绞线	接续金具-钢芯铝绞线接续管，JT-50/8(70/10,95/15,120/20,150/20,185/25,240/30)
	并沟线夹	JBB型	仅用于接地引下接续	接续金具-并沟线夹，JBB-1(-2,-3)
	楔型并沟线夹（弹道型）	JXD型	导线接续	接续金具-弹射楔型线夹，JXD-1(-2,-3,-4,-5,-6,-7,-8,-9,-10)
	H型线夹	JH型	导线接续	接续金具-H型液压线夹，JH-1(-2,-3,-4,-5,-6)
	JBC绝缘穿刺线夹	JBC型	绝缘导线不剥皮使用	接续金具-绝缘穿刺线夹，JBC10-5(-6)
	接地线夹	绝缘穿刺接地线夹	绝缘导线穿刺使用	接续金具-绝缘穿刺接地线夹，10kV,240mm²,16mm²
		JDL绝缘接地线夹	绝缘导线剥皮使用	接续金具-接地线夹，JDL-50-240

续表

金具类型		适用范围	国家电网公司标准物料
连接金具	联塔金具		
	Z型挂板	装置连接	联结金具-直角挂板,Z-7(-10)
	U型挂环/U型挂板	装置连接	联结金具-U型挂环,U-7(-7B,-10,-10B)/联结金具-U型挂环,UB-7(-10)
	联板 三角联板	装置连接	联结金具-联板,L-1040
	球头挂环 Q型/QP型	装置连接	联结金具-球头挂环,Q-7/联结金具-球头挂环,QP-7(-10)
	碗头挂板 W型/WS型	装置连接	联结金具-碗头挂板,W-7(-7A,-7B)/联结金具-碗头挂板,WS-7(-10)
	延长环 PH型	装置连接	联结金具-延长环,PH-7(-10)
	直角环 ZH型	装置连接	联结金具-直角环,ZH-7(-10)
	平行挂板 PD型/P型/PS型	装置连接	联结金具-平行挂板,PD-7(-10,-12)/联结金具-平行挂板,P-7(-10,-12)/联结金具-PS挂板,PS-7
防护金具	防振锤 FDZ型	导线机械防护	保护金具-防振锤,FDZ-1(-2,-3,-4)
	铝包带 铝包带	导线机械防护	保护金具-铝包带,1mm×10mm

注
1. 本表所列内容为10kV配电线路常用金具,其他金具可参照《国家电网公司输变电工程通用设计 10kV及35kV配电线路金具图册(2013年版)》在国家电网公司配电网建设改造标准物料目录和物资标准物料库内选用。
2. 本表所列金具在使用前应核对,应以使用时所查询的国家电网公司配电网建设改造标准物料目录和物料库内的标准物料名称为准。

参 考 文 献

[1] 刘振亚. 国家电网公司配电网工程典型设计 10kV 配电站房分册（2016 年版）［M］. 北京：中国电力出版社，2016.

[2] 刘振亚. 国家电网公司配电网工程典型设计 10kV 架空线路分册（2016 年版）［M］. 北京：中国电力出版社，2016.

[3] 刘振亚. 国家电网公司配电网工程典型设计 10kV 电缆分册（2016 年版）［M］. 北京：中国电力出版社，2016.

[4] 国家电网有限公司. 国家电网有限公司 220/380V 配电网工程典型设计（2018 年版）. 北京：中国电力出版社，2019.

[5] 国家电网有限公司. 国家电网有限公司配电网设备标准化设计定制方案（2019 版）10kV 高压/低压预装式变电站. 北京：中国电力出版社，2019.

[6] 国家电网有限公司. 国家电网有限公司配电网设备标准化设计定制方案（2019 版）12kV 手车式开关柜标准化设计. 北京：中国电力出版社，2019.

[7] 国家电网有限公司. 国家电网有限公司配电网设备标准化设计定制方案（2019 版）低压开关柜标准化设计定制方案. 北京：中国电力出版社，2019.

[8] 国家电网有限公司. 国家电网有限公司配电网设备标准化设计定制方案（2019 版）12kV 环网柜（箱）标准化设计方案. 北京：中国电力出版社，2019.

[9] 国家能源局. 20kV 及以下配电网工程定额和费用计算规定（2016 年版）. 北京：中国电力出版社，2017.

[10] Q/GDW 10738—2020《配电网规划设计技术导则》

[11] Q/GDW 11374—2015《10kV 及以下电网工程可行性研究内容深度规定》

[12] Q/GDW 10784.1—2017《配电网工程初步设计内容深度规定 第 1 部分：配电》

[13] Q/GDW 10784.2—2017《配电网工程初步设计内容深度规定 第 2 部分：配网电缆线路》

[14] Q/GDW 10784.3—2017《配电网工程初步设计内容深度规定 第 3 部分：配网架空线路》

[15] Q/GDW 10785.1—2017《配电网工程施工图设计内容深度规定 第 1 部分：配电》

[16] Q/GDW 10785.2-42017《配电网工程施工图设计内容深度规定 第 2 部分：配网电缆线路》

[17] Q/GDW 10785.3—2017《配电网工程施工图设计内容深度规定 第 3 部分：配网架空线路》

[18] Q/GW 11355—2013-10104《国网浙江省电力公司 10kV 配电网典型供电模式技术规范》